环境艺术设计教材

# 环艺模型设计与制作

马路　马骄　编著

南京师范大学出版社
NANJING NORMAL UNIVERSITY PRESS

图书在版编目（CIP）数据

环艺模型设计与制作 / 马路,马骄编著. —南京:南京师范大学出版社,2011.9（2020.1重印）
环境艺术设计教材
ISBN 978-7-5651-0523-4/J · 132

Ⅰ. ①环… Ⅱ. ①马… ②马… Ⅲ. ①模型（建筑）—设计—教材②模型（建筑）—制作—教材 Ⅳ.①TU205

中国版本图书馆CIP数据核字(2011)第198877号

书　　名　环艺模型设计与制作
编　　著　马路　马骄
责任编辑　何黎娟
出版发行　南京师范大学出版社
地　　址　江苏省南京市宁海路122号（邮编：210097）
电　　话　（025）83598078 83598412 83598887 83598059（传真）
网　　址　http://www.njnup.com
电子信箱　nspzbb@163.com
照　　排　南京凯建图文制作有限公司
印　　刷　江苏淮阴新华印务有限公司
开　　本　850毫米 × 1168毫米　1/16
印　　张　6.5
字　　数　157千
版　　次　2011年11月第1版　2020年1月第5次印刷
印　　数　10 701-14 300 册
书　　号　ISBN 978-7-5651-0523-4/J · 132
定　　价　35.00元

出 版 人　闻玉银

# 前 言

模型是建筑设计和表现的一个手段，也是环境艺术设计专业的重要课程。目前，国内环境艺术设计专业基本沿袭了建筑专业的课程设置，把模型制作课程作为主要的专业基础课对待，一般会有40~60课时、2个学分的要求。建筑专业通常把模型看作是设计与表现的重要手段，因此会贯穿于设计课程之中，主要用作推敲方案。而环艺专业则往往强调其专业基础教学作用，基本未与设计课程紧密结合。这当然也有一定原因，因为环艺专业所涉面较广，如室内、景观、会展设计等，很难针对某一内容作深入研究。因此，使模型制作教材真正适合环艺专业的现实需求，而并非仅从建筑设计专业那儿照葫芦画瓢搬来一套现成的内容，这是编写这本教材的动因之一。

综观国内众多的模型制作教材，在深入阐述模型制作的丰富技法的同时，强调制作的精良，强调全面而深入的表现，较多侧重于商业性的制作方面，这一类的教材内容显得比较深入，并且有结合社会实践与市场需求的优点。然而，在前人努力与探索的基础上，笔者积多年教学经验，期望能使本教材更加适合大专院校学生的教学实际，通过一些课题性质的研究内容，兼顾介绍制作技法的方式，在较为活泼的叙述方式下，激发学生学习兴趣与培养多视角的观察、表现方式，在开发学生思维、拓展学生眼界方面有一定的创新性。在有限的课时限制下，一味地强调制作，可能产生的只是量的堆积，而非质的飞跃。如果让学生可以尝试对不同的课题进行研究与实践，或在相关课题思路的启发下，进行自主的创意设计，这样的教学实践，可能会有意外的收获。同时，本教材也可以给初次从事模型设计制作课程教学的青年教师一些教材教法上的帮助。各院校可根据自身的具体情况选择不同难度、不同方向的课题加以设计、推敲、研究，在有限的课时内进行效率最高、成果最显著的教学。

本教材适用于普通艺术院校环艺专业的学生，也适用于高职高专类院校的相关专业的学生。有些专业细分后形成室内、景观、园林、会展设计等专业方向的，应该都可以从此本教材中得到有益的收获。

马　路

2011年6月

# 目 录

# 1



# 第一部分 模型设计与制作前期准备

## 一、环艺模型的种类

建筑及环境艺术模型按用途区分，基本上可以分为两大类，即方案模型与展示模型。

### 1. 方案模型

方案模型是环境艺术设计的一种手段和过程。它以建筑与环境单体的加减和群体的组合、拼接为手段来研究设计方案，相当于完成设计的立体草图，只是以实际的制作代替了用笔绘画。其优越性显而易见，是建筑师、园林设计师和室内设计师工作环节中的一种有效表现方式。

方案模型是设计师的一种工作模型。设计建筑模型时，可做“体块模型”来辅助表现；分析结构时，可做“框架模型”来解剖结构；推敲内部空间时，可做“剖面模型”来展示内部结构；布置周围环境时，可做“沙盘模型”来说明布局。这类模型具有朴实无华的特点，经常采用简单的方法和易加工的材料快速加工而成，可以作为说明建筑构思形成过程的佐证（图1-1-1）。

方案模型中还可以包括概念模型，一般有单体建筑和群体建筑等（图1-1-2)。它是设计师的设计想法在还比较朦胧的阶段形成的三维的表现形式，主要是建筑师最初想法的体现，讲究的是大体的感觉，大块面积的体现，伴随着设计思路的形成。当设计师在三维空间中进行推敲，逐步完善并最终形成时，这个过程一直都是具有很大的选择性。一般情况下，概念模型都是快速制成的，用于捕捉转瞬即逝的灵感。

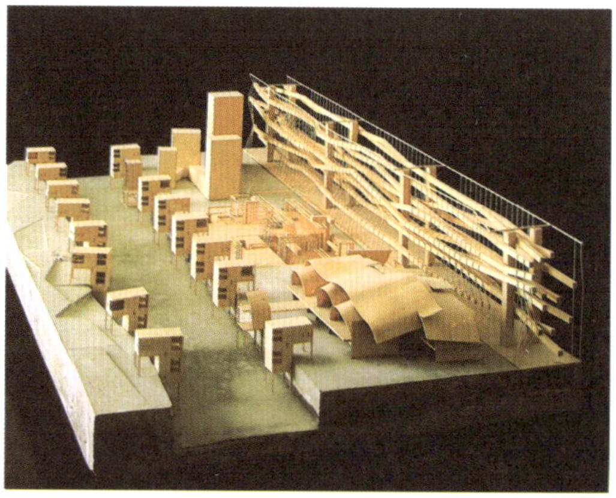

图1-1-1

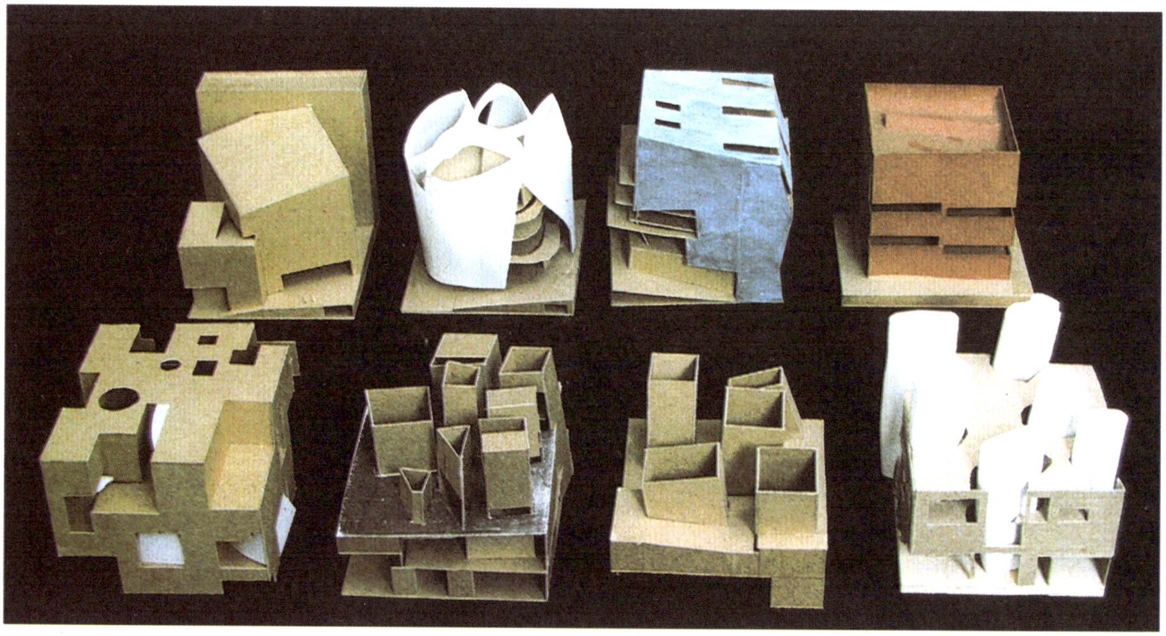

图1-1-2

图1-1-3

图1-2-1 用PVC板做的建筑模型

**2. 展示模型**

展示模型也可以叫作表现模型，是建筑师在完成建筑设计后，将方案按一定比例微缩后制成的一种把所有建筑细部都完美表现出来的模型。这种模型无论是材料的使用，还是制作工艺都十分讲究，它不是为设计决策，而是用于在各种场合展示建筑师的设计成果。

展示模型近年来为宣传城市建设业绩或与城市规划相关的展馆中展览、陈列所用较多。另外，房地产售楼说明也常用这种模型，比如大型房地产交易会。这类模型做工非常精巧细致，有着和谐明快的色彩、引人注目的灯光效果，给人以强烈的视觉冲击力（图1-1-3）。

展示模型作为环境艺术设计的重要表现方法，具有直观性的突出优点和独到的表现力。这类模型的设计制作不同于单纯的设计模型，它是以设计方案的总图、平面图、立面图为依据，其材料的选择、色彩的搭配等，也要根据原方案按比例微缩得十分准确。

## 二、模型制作的材料

制作环艺模型所选用的材料，常用的可分为有机玻璃板、ABS板、塑料板、PVC板、聚苯乙烯泡沫板、纸类(卡纸、纸板)、木板材以及金属、黏土、石膏、玻璃、颜料等。另外，还有点缀环境用的树木、花丛、草坪以及点景时所采用的参照物(人物、车辆等)。

**1. PVC板(雪弗板)**

PVC板是一种新型的模型制作材料，适合于手工及电脑雕刻加工制作。材料具有适用范围广、材质挺括、易加工、可塑性强等优点，适合学生课程作业使用。但材料密度较低，切割后断面略显粗糙（图1-2-1）。

可用加工工具：美工刀、切割机、打磨机、锉刀。

**2. 有机玻璃、塑料板**

分为透明、不透明两类，不透明板有乳白色及各种彩色板。材料质地细腻、挺括，可塑性强，通过热加工可以制作各种曲面、弧面、球面的造型。缺点是制作工艺复杂（图1-2-2）。

图1-2-2 用有机玻璃制作的模型

图1-2-3 用ABS板制作的建筑模型

### 3. ABS板

ABS板俗称工程塑料，是家电产品外壳的主要材料，该材料为磁白色板材，是比较流行的用于手工及电脑雕刻加工制作建筑模型的主要材料。材料具有适用范围广、材质挺括、细腻、易加工，且着色力、可塑性强等优点，但材料有较强的硬度，如用于学生作业，则加工比较费时(图1-2-3)。

### 4. 纸材类

纸材一般包括普通纸、卡纸、板纸、瓦楞纸、马粪纸等。

一般的展示模型中很少采用纸材，但因为课时等问题，在校的学生制作习作性的模型，建议采用有着加工方便快捷等优点的纸材。设计院制作研究性的模型时，也会较多地采用纸材（图1-2-4)。

纸材种类繁多，可大致分为进口纸与国产纸。纸的厚度、色彩、表面质地(肌理)等之间的差异丰富细腻，应充分发挥不同材料的特性，使之能为模型艺术的表现力与创造力服务。我们应该熟悉各种纸的不同特性，针对不同对象合理使用不同纸，自然能提高模型的表现技巧（图1-2-5)。

可用加工工具：美工刀、手术刀。

黏合方式：立时得。

### 5. 聚苯乙烯板

聚苯乙烯板通常作为包装材料使用，这种材料体轻，加工性能良好，也较为经济，故应用范围很广。现在学校的学生、设计院的设计师常用它制作习作性、研究性建筑模型及地形模型。这种材料价格便宜(有时还可以利用废弃的包装材料)，且便于制作，切割可用切割机，断开只用

图1-2-4

图1-2-5

美工刀即可。不过，这种材料的性质决定了它仅适于做一些体块型的、粗略的建筑模型以及地形地貌等（图1-2-6)。

加工工具：切割机、美工刀。

黏合方式：白乳胶。

### 6. 木材类

木材类包括板材、型材、复合材料(夹板)、竹条等。

木材是环艺模型中所用的较具代表性的材料。其材料规格多样，常见的成品木材有板材、型材(图1-2-7)以及夹板，还有一些适于制作建筑模型的天然材料，如竹子、柳条，可以用来制作一些特色建筑模型等（图1-2-8)。当然，应根据具体对象，选用适合其特点、制作方便的材料。

木材优点：质轻、细腻，易于造型。缺点：当木材呈薄板状态加工时，薄板容易沿纤维方向断裂；当薄板被切断时，在切口处有脆性，容易开裂，故通常在制作模型时，多用其制作构架式模型及表现结构的模型。

竹子、柳条、旧物(牙签、筷子)等材料一般可以用于创作趣味性、装饰性的模型之用，如园林小品、建筑装饰配件。复合材料(夹板、软木板)一般可以作为建筑的骨架(然后在其表面饰以装饰性材料)、基础(如地形面貌、托盘)或建筑模型造型。

可用加工工具：切割机、木工锯、线锯、工具刀、锉刀。

黏合方式：白乳胶、立时得。

### 7. 可塑性材料类

可塑性材料包括黏土、油泥、石膏、陶土等。

黏土常用于研究性的建筑(或室内)模型，是最为方便的材料。主要用来分析和研究未来建筑的外观体积、曲线等的造型以及外部空间组合关系、内部空间流线关系及起伏层次变化关系等。黏土还可以填压到木模内，做出模型所需要的各种象征性人物、车辆、家具等点景小品。

石膏一般作为制作成品模型的专用材料已为众知，尤其是在模型中的环境处理方面，如对雕塑小品、园林小品以及地形势态进行装饰表现等，都是得心应手的材料。石膏也同样可以像黏土那样，注入木模里，制作成模型中所需要的点景内容。石膏与黏土还多用于对模型某一局部的处理，或对某一细节的特殊表现，都会起到一定的随形作用（图1-2-9)。

油泥材料主要用于雕塑小品、园林小品，但由于价格较贵，而较少使用（图1-2-10，图1-2-11)。陶土、水泥等材料，主要用于制作地形、雕塑小品、园林小品等，其他就比较少用。

可用加工工具：工具刀、雕刀、钢锯(条)。

黏合方式：黏土模型的黏合方式采用黏土浆，而石膏则采用石膏浆黏合即可。

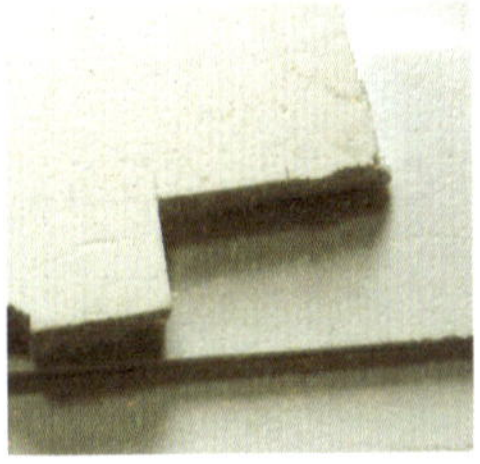

图1-2-6 聚苯乙烯板

图1-2-7 成品木型材

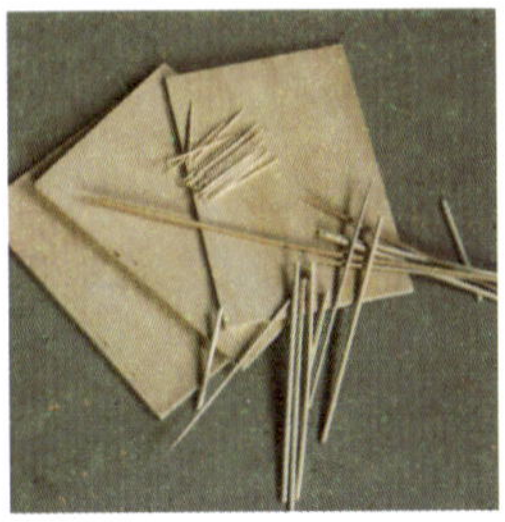

图1-2-8 夹板与竹签

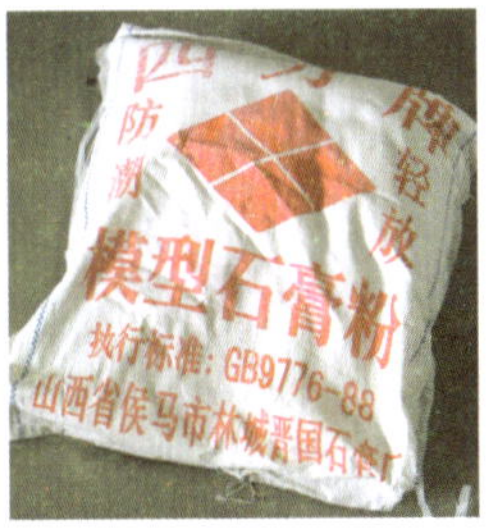


图1-2-9 熟石膏粉

图1-2-10 油泥

图1-2-11 橡皮泥

### 8. 金属类

金属类材料包括金属管、金属线材等（图1-2-12）。

模型制作中所使用的金属材料，是根据模型在具体制作时的实际需要，或者作为某些部位的特殊需要进行处理的，它有利于模型细部的精致刻、划。不过在加工和工具等方面有较高的要求。可用于建筑模型的入口，如扶手部位或点景用。在模型中经过简单的加工，可任意使用，极其方便。

可用加工工具：钢锯、线锯、工具刀、锉刀、手电钻。

黏合方式：铆接(适于金属薄板与金属薄板的连接方式)、铆钉(适于金属板与金属管材或线材的连接)、电焊、锡焊、铜焊等不同的加工方法。因材料的不同而采取相应的工具。

### 9. 艺术处理材料类

这类材料包括色粉、锯末、丝瓜瓤、泡沫海绵、刨皮、鸡蛋壳、米石等。这些材料各自有各自的专门用途。色粉属于现代科技类的材料，专门为制作模型研制而成，有各种各样色彩的色粉，是目前模型公司必备的模型材料。锯末（图1-2-13、图1-2-14）常常用来做草坪或灌木、树木等点景类模型。但如果是1：1 000以上的模型比例时，则应选择色粉（图1-2-14），因锯末质地偏粗了一点。学生课程中使用的话，选择锯末可以节约费用。鸡蛋壳、米石常用来做园中道路；丝瓜瓤、泡沫海绵(图1-2-15)常用来做环境中的树木、灌木等。

加工工具：切割机、木工锯、工具刀、锉刀。

黏合方式：白乳胶、立时得。

### 10. 其他

自喷漆（图1-2-16）、丙烯颜料（图1-2-17）、自粘纸（图1-2-18）通常都是用作处理模型色彩的。

图1-2-12 用铅丝加工的家具模型

图1-2-13 染色后的锯末

图1-2-14 模型店有售的草地粉

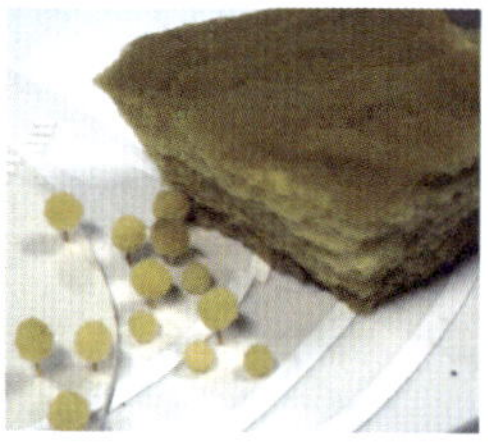

图1-2-15 海绵与用海锦剪成的树

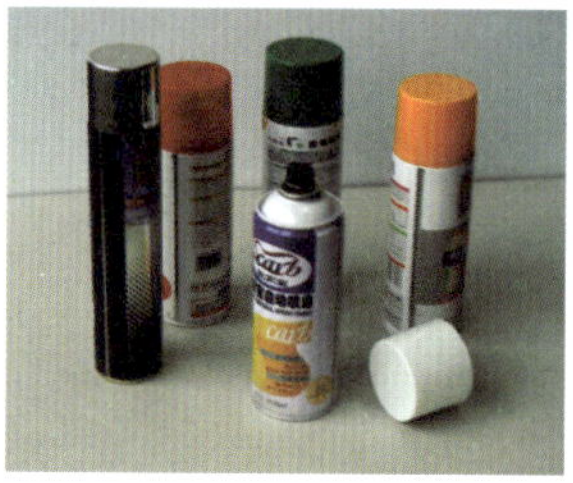

图1-2-16 各色自喷漆

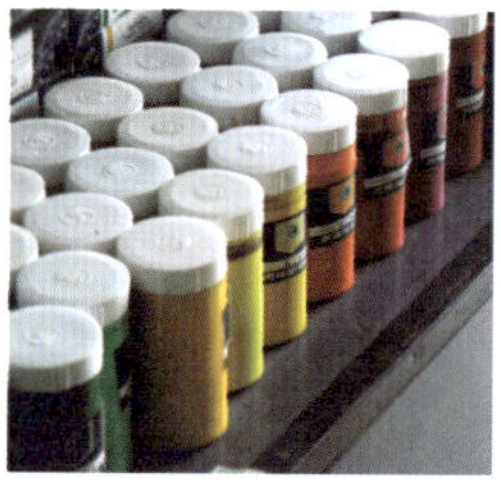

图1-2-17 丙烯颜料

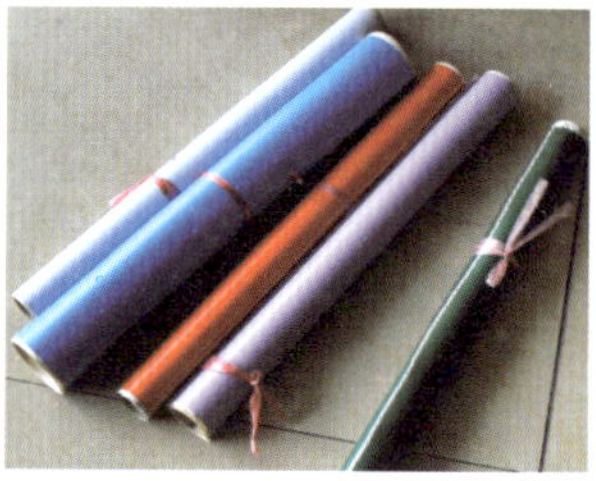

图1-2-18 自粘纸

图1-2-19 KT板

图1-2-20

自喷漆、自粘纸使用方便。丙烯颜料可以用笔涂刷，也可以使用喷泵喷涂，喷涂要比用笔涂刷的均匀柔和得多。KT板（图1-2-19）在学生制作模型时可用来制作底板、居室隔墙等，方便、轻捷，且价格便宜。瓦楞纸，有黑、白、红、蓝等各种颜色，可作建筑屋顶的瓦片效果（图1-2-20）。

## 三、模型制作工具

不同的材料需要用不同的工具设备进行加工，虽然并非工具齐全才能开始模型的制作，但适用的工具确实能提高模型制作的精度。

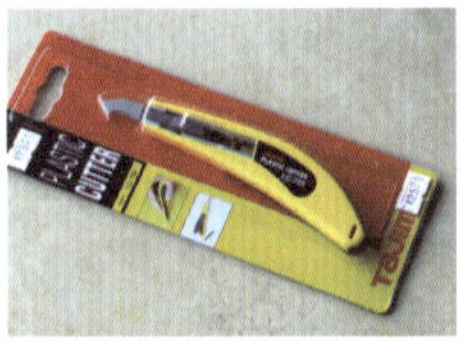

图1-3-1 勾刀

图1-3-2 美工刀

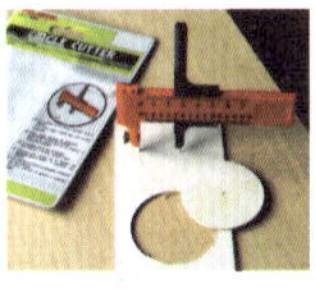

图1-3-3 切圆刀

图1-3-4 手锯

在模型制作中，一般操作都是用手工和半机械加工来完成。

**1. 刀**

(1) 勾刀

用来切割有机玻璃及塑料类板材的专用工具(图1-3-1)。

(2) 美工刀

一种用于模型制作的主要切割工具（图1-3-2)。

(3) 剪刀

剪裁各种材料的必备工具。

(4) 45° 切刀

45° 切刀用于切割45° 斜面的一种专用工具。

(5) 切圆刀

切圆刀用于切割规则圆形。适用材料一般为材质较软的PVC板与纸板等（图1-3-3)。

**2. 锯**

(1) 手锯

手锯是用于切割木质材料、塑料板材的工具。根据需要选择锯齿的粗细（图1-3-4)。

(2) 钢锯

钢锯是适合范围较广泛的一种切割工具，可以切割木质类、塑料类、金属类等多种材料（图1-3-5)。

(3) 电动手锯

电动手锯又称曲线锯，是切割多种材质的电动工具（图1-3-6)。

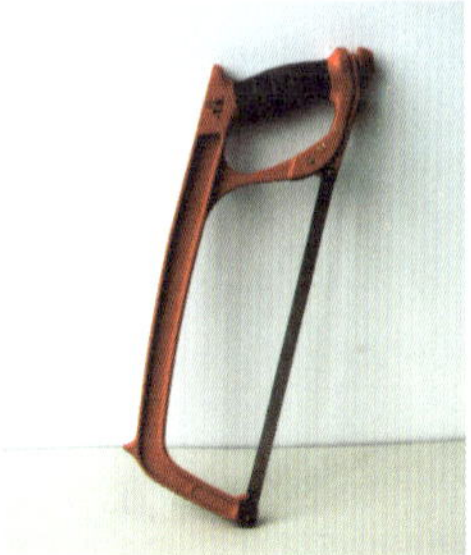

图1-3-5 钢锯

图1-3-6 曲线锯

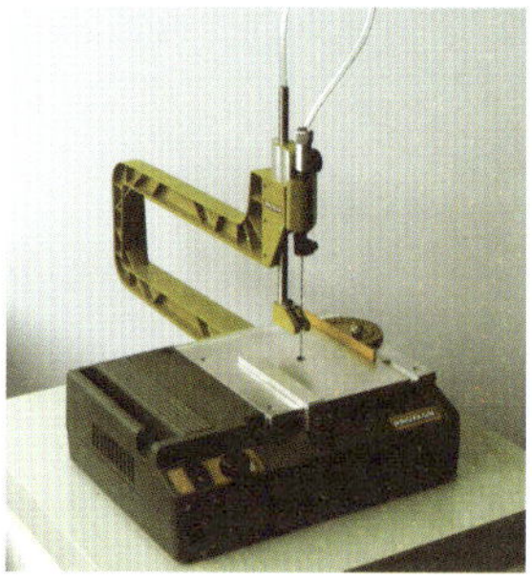

图1-3-7 台式线锯

（4）微型台式线锯

可切割木材、铜铝片及亚力克等多种材质的曲线锯机（图1-3-7）。

**3. 电钻**

电钻有手持和坐式两种，一般用来打孔（图1-3-8、图1-3-9）。

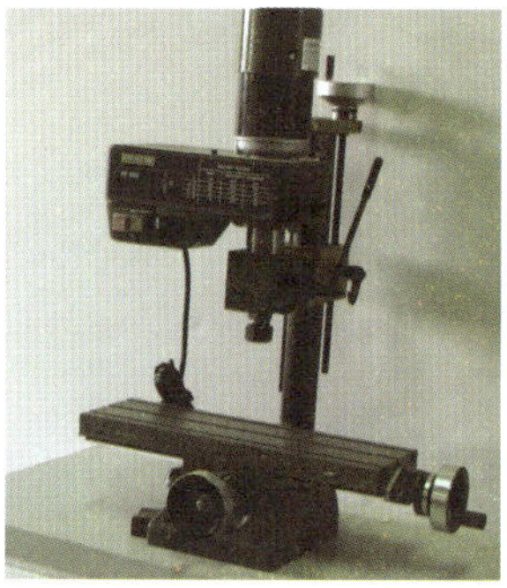

图1-3-8 台式电锯

图1-3-9 手枪锯

**4. 电热切割器**

电热切割器主要用于聚苯乙烯类材料的加工（图1-3-10）。

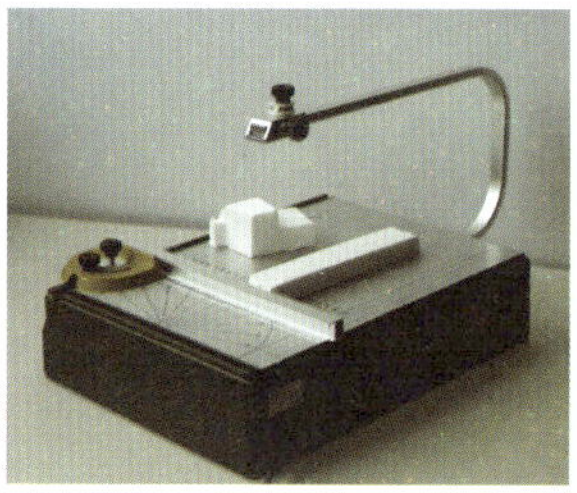

图1-3-10 电热切割器

**5. 电脑雕刻机**

电脑雕刻机是制作模型的专用设备，用电脑控制，可将建筑模型立面及部分三维构件直接雕刻成型（图1-3-11）。

图1-3-11 电脑雕刻机

**6. 打磨工具**

要使模型的视觉效果比较好，需要将模型打磨光洁，常用的工具有以下几种：

（1）砂纸

有木砂、铁砂和水砂纸三种。目数大的为细砂（图1-3-12）。

图1-3-12

（2）砂纸机

砂纸机是一种电动打磨工具。主要适用于大平面的打磨和抛光，打磨的速度会提高很多（图1-3-13）。

图1-3-13

（3）锉刀

锉刀是一种常见并广泛应用的打磨工具，分成多种规格和形状（图1-3-14）。

图1-3-14

**7. 喷泵**

喷泵可用于喷漆、丙烯色等模型表面装饰（图1-3-15）。

图1-3-15

## 四、胶粘剂

胶粘剂在环艺模型制作中占有很重要的地位，它是通过黏结作用把两个固体物质连接在一起，并具有一定黏结强度的物质。建筑模型制作中，主要是靠它把多个点、线、面材连接起来，组成一个三维建筑模型。在实际操作时，要周密全面地考虑黏结强度、黏结效果、粘贴后所经受的条件作用，以及被粘贴物的形状、大小、粘贴方法、操作特性、对比效果等各个方面的问题。特别要考虑材料与胶粘剂的特性是否相符，否则，如泡沫板使用了带二甲苯的胶粘剂，板材会被融化，这样就会前功尽弃。因此，采用最适宜的方法和材料，是使用胶粘剂之前应充分考虑的问题。学生作业时，很可能对胶粘剂了解不多，但应该在使用前小面积的材料试验一下，检查一下牢固度，看看与材料的性质是否相符，这样可以积累经验，求得正确的结果。所以，我们对胶粘剂的性状、适用范围、强度等特性有了深刻的了解和认识，就能在模型制作中根据不同材质的需要，合理地使用各类胶粘剂。

### 1. 按黏结材料的不同分类

（1）纸类胶粘剂

白乳胶、胶水、喷胶、双面胶带、U胶等；

（2）塑料类胶粘剂

三氯甲烷、502胶粘剂、PVC胶、热熔胶等；

（3）玻璃类胶粘剂

793玻璃胶、万能胶、丙烯酸酯胶粘剂等；

（4）木材类胶粘剂

万能胶、白乳胶、U胶等。

### 2. 按胶粘剂本身的性能特点分类

（1）溶剂型胶粘剂

这种胶粘剂本身只是一种化工溶剂，本身没有黏性，使用局限性较大，只能黏结可溶于自身的材料。例如，丙酮、三氯甲烷可用于黏结有机玻璃和ABS工程塑料板和其他塑料板材等。但这些胶粘剂一般易燃、易挥发、有毒，在黏结时注意通风安全，使用后要妥善保存（图1-4-1）。

（2）强力胶粘剂

这种胶粘剂主要靠自身的附着力将不同材质的东西黏合在一起。最常使用的强力胶粘剂是502胶、504胶、801大力胶、U胶、白乳胶等，一般在化工用品商店都能买到（图1-4-2）。

### 3. 常用胶粘剂

（1）白胶

白色，干后透明，价格比较便宜。如果气温高一些，白胶可以稀一些，气温低则可以稍浓厚一些。如嫌白胶太浓可以掺一点温水，搅匀就可使用（图1-4-3）。

（2）万能胶

干得速度快一些，颜色是黄色的，所以涂胶量不宜过多，不要涂在模型的表面（图1-4-4）。

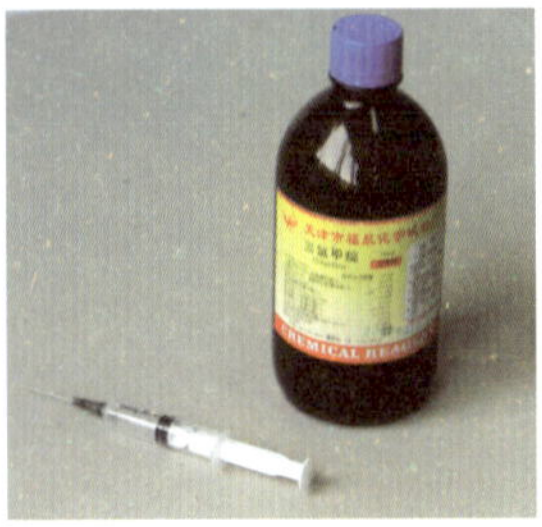

图1-4-1 三氯甲烷

图1-4-2 502胶

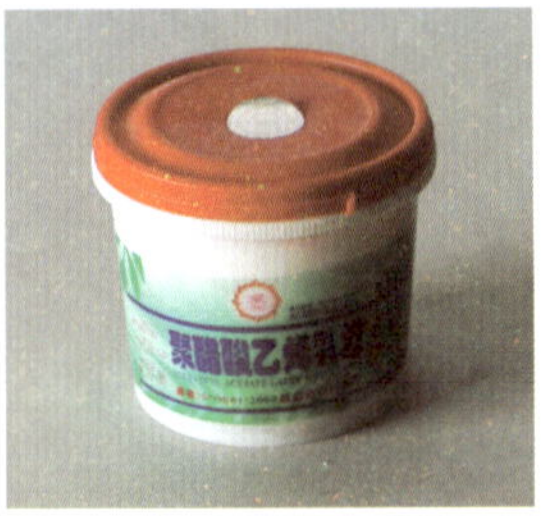

图1-4-3 白胶

图1-4-4 万能胶

(3) U胶

干得速度比较快，也比较清爽，但价格比较贵。涂胶时应仔细（图1-4-5）。

(4) 热熔胶

热熔胶是一种胶条，装在专用的热熔枪上（图1-4-6）。

(5) PVC胶

PVC材料的专用胶，如用来黏结PVC管材、雪弗板等，强度较好，干燥较快（图1-4-7）。

(6) 玻璃胶

专门黏结玻璃，需装在简易的注射枪上，使用比较方便（图1-4-8）。

胶带也属一种胶粘材料，使用胶带因不需要干燥的时间，在提高工作效率方面远比胶粘剂优越得多，给制作模型带来了极大的方便，因而，近些年它是深受推崇的材料。胶带又分双面胶带和透明胶带。

无论采用哪种胶粘剂，使用之前，都必须对所要黏结的模型材料进行干燥、清理灰尘和油渍。并且，胶粘剂使用量也应该适量，并非越多越牢固，胶粘剂过多会流到模型其他部位，影响模型的表面整洁和模型整体的精细程度。在黏结工件时，可适当地通过钳口夹或其他夹具夹紧或施加适当的压力，这样可以使工件黏结更加牢固（图1-4-9 使用台虎钳夹紧黏结件）。

图1-4-5 U胶

图1-4-6 热熔胶

图1-4-7 PVC胶

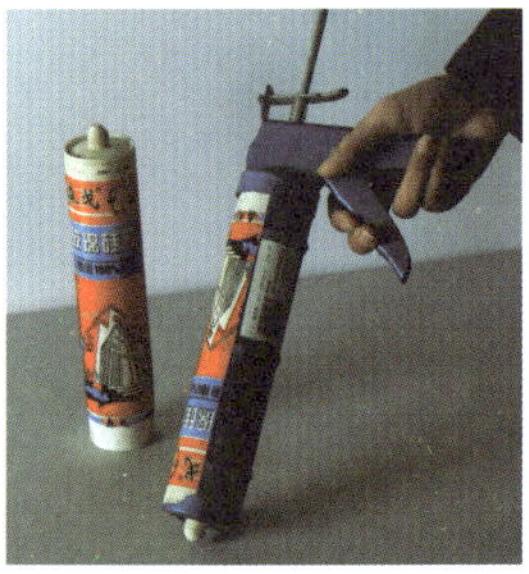
图1-4-8 玻璃胶

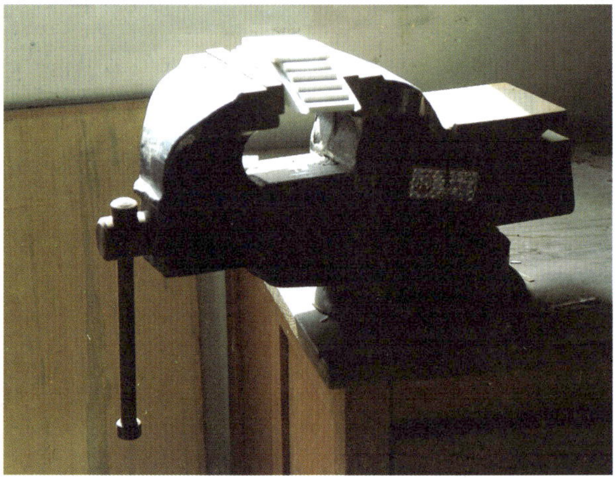
图1-4-9 使用台虎钳夹紧黏结件

## 五、模型的一般制作程序

环艺模型的制作要根据模型对象的复杂性、规模性、目的性来决定制作的程序。一些小型的模型、方案性的模型，在制作程序上可以缩减甚至省略某些步骤。

一般环艺模型的制作可分为下列几个阶段：

① 模型制作计划；

② 底盘放样；

③ 制作场地（地形环境）；

④ 模型构件制作；

⑤ 模型整体拼装；

⑥.模型环境氛围调整。

学生的习作也许不需要以上几个阶段的全部过程，可以根据相关的要求，或直接构造建筑物，或营建一个景观环境，或设计室内一角。但如果制作一座完整的有一定规模的模型，则必须经历上述几个阶段。

上述的模型制作程序并不是固定不变的，往往要视实际情况灵活行事。实际上模型制作程序的方法也是多种多样的，下面仅依据通常的做法来介绍建筑模型制作的程序。

### 1. 模型制作计划

模型制作需要制订一个计划，内容主要是考虑表现方法、比例、单件、色彩、组装等方面问题，并进行周密的计划，按照“表现方法”来确定制作方针、比例、选用材料以及色彩、组装等程序。模型的比例很重要，因此特别要把握好，如果选择的比例不当，会出现“失真”现象。一般比例的选择是根据不同对象来决定的，例如，单体建筑物常为1：200~1：50；组合建筑物常为1：400~1：200；城市规划、住宅区规划等类型的建筑模型占地面积大，比例一般为1：5 000~1：3 000。不过，通常采用与设计图相同的比例者居多（图1-5-1、图1-5-2）。

### 2. 底盘放样

底座或底板做好了，接下来开始放样。放样就是依据设计图进行等比例放大或缩小到事先做好的底座上，确保与原图纸的设计一模一样。放样一般情况下直接打印所需要比例的图纸，然后，将打印好的图纸放在底座上，在其背后垫上复写纸，再用圆珠笔按设计的线描绘一遍。这时，底盘放样工作就算完成了（图1-5-3）。

### 3. 制作场地环境

图样放好了，接下来制作场地（地形）环境。如果建筑场地是平坦的，则制作模型也简单易行。若场地高低不平，且表现要求上有周围邻近的建筑物，则按照测量方法的不同，模型的制作方法也有相应区别，尤其是复杂地形和城市规划等较大场地时（图1-5-4）。

图1-5-1

图1-5-2

注意不能在地形模型上表现过多、过细，这样容易喧宾夺主，使建筑物相形逊色。因此，在对地形模型制作时，应充分考虑到建筑物表现效果，要能够正确处理好模型的主次关系。

图1-5-3

图1-5-4

4. 模型构件制作

针对模型表现的对象，以建筑模型与室内模型为例。它们在组装前基本是事先做好每一个组件，然后再进行组装。所以，要注意模型组装的先后关系，以免粘好了又要拆除。

(1) 建筑模型件

由于建筑造型的风格、构造（结构）等关系，除有意设计的构架式建筑之外，结构全部外露者是很少的；即使有，也不外乎是柱、梁或基柱建筑方式之类。在做法上除需要特别强调构架部分之外，一般均可选用与建造物相同的一些主要材料来表现，效果较好。

(2) 墙面（外墙）

材质与表现也直接关系到与某些部位的协调性或对比性，应引起足够的重视。比如，表现混凝土平面可选用软质木材所具有的柔软粗糙的特性，制成纹理粗糙的模型。针对面砖、石板等对象，可适当地采用抽象手法制作出某些肌理效果。此外，还有一些表面带图案的板材，也可用于对某些墙面的处理（图1-5-5）。

(3) 细部表现

影响模型成品效果并起决定性作用的是对一些细部的表现，如窗户、出入口、玻璃幕墙等。门窗（洞口）是模型视觉表现的重要部分，如果没有表现好，就像建筑没有设计好一样。玻璃面部分用有机材料和塑料等，使内部空间能被看见。由于选用的材料不同，在制作时所用的工时、精度及展示方式都有一定差别。如幕墙的框架处理和玻璃表现效果也会对模型质量起决定性作用，所以要注意处理时的精致效果（图1-5-6）。

建筑模型装饰附件，如阳台、扶手、雨篷、台阶、女儿墙等也应引起重视，这些附属件需要单独做。建筑场地、框架、墙壁、门窗（洞口）这些主要部分的表现方法确定之后，下一步就是遮阳板、阳台、阳台扶手、女儿墙、坡屋顶等细部的模型表现，这些附件的精细程度决定了该模型是否为精细的作品。

(4) 模型点景制作

模型点景部件主要是指室外环境的植物、水景及人物、汽车、小品类点景元素，它们的制作方法分别如下所述。

① 植物、人物、汽车

一般在模型中的植物造型有两种：乔木与灌木（草丛）。人物与汽车（图1-5-7）在环境中主要是起着点缀与陪衬的作用。植物类在模型环境的布置中，所需要的数量比较大，因此要尽量多做一些备用。

② 小品

小品类的模型有亭子、小桥、小型雕塑、石景以及小型建筑（大门、门房）、构筑物等。这一类的配景件需要亲手制作，通常采用石膏、油泥、软木等材料，也可以考虑与纸材、塑料、牙签配合使用（图1-5-8）。

**5. 环境氛围调整**

建筑模型的主体完成以后，接下来是加强建筑模型的环境氛围，可以通过配备植物、调整色彩、加强灯光等来呈现。图1-5-9、图1-5-10是通过灯光效果强化室内空间的感觉。图1-5-11采用装饰性的手法表现，打破了人的视觉习惯（绿色的树），采用白色金属丝制作枝干，象征树木装饰效果。图1-5-12同样采用装饰的手法表现，植物与蓝色水面对比明确，产生春意盎然的效果。

图1-5-5 用木皮贴成的建筑表面

图1-5-6 建筑细部

图1-5-7 人物点缀建筑

图1-5-8 有亭子的景观

图1-5-9 灯光层次分明的餐厅与厨房

图1-5-10 灯光下的酒吧

图1-5-11 金属丝做的树

图1-5-12 具有装饰效果的规划模型

2

环艺模型设计与制作

# 第二部分 模型设计与制作课题

环艺模型应该怎么做？做什么？有许多方式与方法可以选择，有许多课题可以研究。但有一点可以肯定，我们应该在学习专业内容的基础上，通过模型制作的技巧与技法，更好地加以表现，从而了解、掌握专业设计的丰富内容。本部分我们设计了一些课题，以供模型制作教学参考与借鉴。

模型教学的重要性不仅仅是仿型制作，应该还有以下五个方面的作用。

**1. 完善设计方案**

纸面的设计方案，尽管有平、立面及透视图等多侧面表现，但维度不够直观，对于缺乏经验的学生来说，就有可能限制方案设计的完整性，因而也就影响到作业科学性和艺术性的进一步提升。而模型制作，则将所设计的方案推到一个既直观又具一定间离性的位置，它是一个按比例缩小了的、便于我们“居高临下”俯瞰整体的、有别于我们完全置身其中所产生的局限性的间离状态，更有利于诸多设计语言的整体把握。

**2. 把握空间和空间感**

“空间”是环境设计的一个重要内容，甚至是室内环境设计的灵魂。空间的结构，空间的体量与尺度，空间的形状与比例，空间的分隔处理，空间的对比与变化等问题，都可以通过模型获得一定程度的感知。而这种使学生获得真实感受的方式，应该由学生自己动手来构造。学生可以在模型制作中通过墙界面的推移来直观地调整空间、重组空间，由此获得的认知效果显然会优于被动地听讲或二维处理的效果。

**3. 增强尺度感**

尺度、比例与体量感也可以说是设计师的基本功之一。一个好的环艺设计师，应该具有较强的尺度感。对于环艺设计专业的学生而言，特别是在低年级课程中，当他们面对教师提供的建筑图纸倍感困惑的是：平面图上的这一个个方块代表了一个个“空间”，但它们到底有多大？往往因此而感到无从下手。但在模型上加以体验，则可小中见大，与真实空间体验有异曲同工之妙。

**4. 了解工艺技法及熟悉材料性能**

制作模型需要各种不同的工具、材料，如三合板、有机玻璃、钙塑板、ABS工程塑料等等（有些就是室内装修的材料）。通过选择和使用，可以使学生更多地了解材料的物理性能，从而拓宽思路，增强表现力。另外，在做一些比例较大的模型时，完全可以对细部进行仿真处理，如家具设计中桌椅的卯榫结构，就可以根据实物的原理加以制作，从而学到一些基本的工艺技法。

**5. 增强学生动手能力**

学生通常比较缺乏动手能力，客观上也很少有实践的机会，而模型制作则提供了一个极好的实践操作机会。他们可以通过这样的课程，懂得材料如何切割、热塑、抛光；也可以为了“家具”的仿真而了解刮腻子、打磨、上色、油漆等工序；或者为了做出“窗帘”、“床罩”等软装饰而粗通缝纫；为了便于塑形，熟悉石膏的性能，掌握翻模、脱模的技术。诸如此类的技能积累，都有利于学生综合素质的提高，也使培养学生的动手能力不致停留于空话，使他们因为大有用武之地而增强学习的兴趣。

# 课题一 景观模型设计制作

## 课题概述

景观设计是环艺专业课程中的一个重要组成部分，因此在方案的表达、设计的论证方面，模型都是反映设计内容的一个有效手段。如何使场地生动起来，如何让所设计的各个空间有机联系，如何在高低参差中显示韵律节奏与疏密变化，都可以借助模型直接地操作获取解决方法。

对景观场地中的广场、道路、地面铺装、水体、植物、建筑小品和起伏地貌的落差等内容，景观模型都能够一一加以表现，从而获得趣味盎然的艺术效果（图2-1-1，图2-1-2）。

图2-1-1

图2-1-2

## 教学要求

本课题要求根据景观设计课程的学习，贯彻景观设计方法与原则，分析景观的构成内容，设计与创造景观空间，研究其特征与要点，把握景观模型设计的基本原则，确定比例、基底与地形、地貌的制作与表现方法。

## 作业内容及进度安排

在前期景观设计课程作业的基础上，根据所做的相关平面布置图，制作景观模型一座。也可以作为单纯的空间与场景的体验练习，通过收集相关的景观设计资料、图纸，然后制作一座练习性模型。模型比例约为1：300，附平面表现图纸。

讲课2学时，收集资料及设计制作20学时完成。

## 操作方法

### 1. 可使用的材料

本课题练习可以采用写实性与装饰性两种表现手法。建议写实表现时主要选用泡沫板材，其特点是加工方便、可塑性强，而且质量较轻。装饰性表现则可以选用KT板或者包装箱纸板，特点是材质轻便，且取材方便、价格低廉、艺术感较强。

### 2. 可使用的加工工具

由于材料轻便，因此加工工具也很简单，基本使用美工刀即可。

### 3. 可使用的胶粘剂

根据材料特性可选用白乳胶、双面胶等。

### 4. 模型建筑场地(地形)制作技巧

在表现环境中高低差较大的模型场地时，一般采用装饰性与写实性两种手法来表现。

（1）装饰性表现技巧

装饰性表现即以简洁、概括的手法，象征性地表现地形。按照规定的比例以及地形等高线，将板材（木板、泡沫板、厚纸板均可）切割成一块块的等高线形状。然后将这些切割好的等高线形状板材，通过多层粘贴形成如同“梯田”一般的形体，且忽略自然地形中的细节部分。这一手法比较适合表现地形变化大的环境，如果变化不大，仅有一点点坡度感时，则可以考虑用写实性表现手法。

模型中的地形分层需要符合规划中的每一条等高线，同时，材料的硬度必须按照一定的比例，符合所规定的高度。

① 全面的分层

等高层的形成是为了使整个平板符合材料的丰富度，更易于制作和稳固，要求由下而上逐层修剪，并全面按照规划图一一贴上（图2-1-3）。为了减轻重量，我们可将较大的全面分层中间挖空或者填进塑胶泡沫之类的填充物，尤其在比较陡的地层上，这是较为合理的解决方式。

图2-1-3

② 重叠的分层

在地形模型的制作上，可以使用两块相同的板子(这里为A和B)，配合其材料的硬度以阶梯式层面逐层增高（图2-1-4）。我们将两块板子的等高线全部画上，再编上号码，然后我们再将一块板子沿着所有的偶数等高线进行分割，而另一块板子则根据奇数进行分割。每块板子在大概中间的位置上画上轮廓，作为连接时的支援点——板A和板B如此交替。这种方式既节省了材料，也减轻了重量，但有时却需要支撑起较为麻烦的底部结构，因此材料要求非常坚硬，才不会让一些“面”下垂。完成之后要尽量避免变动。

图2-1-4

(2) 写实性表现技巧

写实性是指用仿真、写实的手法表现自然环境的地形。为了减轻整个模型的重量，一般采用泡沫板材（图2-1-5）作为填充物，然后在其上覆盖装饰物。具体的方法是按地形图上的等高线，将泡沫板材按自然地势形状切割成近似等高线的层板，并多层粘贴，然后在其上涂胶水，铺上纱布，再将石膏（石膏粉与水调和后）填上。与此同时，还要注意对自然地形的塑造。或者用粗砂纸打磨，形成圆润的坡度，然后在其上涂白乳胶，撒上彩（绿）色粉末，或喷色彩，再插上植物（灌木、乔木）等。这一手法主要用来表现特色的地形环境。

图2-1-5

## 【延伸与拓展】

### 地面的艺术处理

通常所说的地面艺术处理，即对地形的表面进行处理。这时候应充分考虑整体关系以及与道路、铺地、青苔、水面等的处理手法，同时还应考虑到建筑物室内外景物的相互关系。可以说，模型制作的始终都要注意建筑物与周围环境的对比协调关系，从而做到主题鲜明、突出、和谐。虽然地面处理的内容比较多，但在基本的做法上也可以大概分为装饰性表现与写实性表现两大类。不过，依据模型的比例关系、模型的选材关系、模型制作的精细程度以及追求的目的不同，其效果也不同。如图2-1-6为写实性表现效果，图2-1-7为装饰性表现效果。

#### (1) 草坪做法

草坪又称为草皮、青苔。面对这类地面，要根据不同的内容要求，进行恰到好处的设计与艺术处理，不应绝对化。

根据模型底板平面图上所反映的草坪位置，先涂上白乳胶，然后撒上色粉（表示绿化草坪）。上完色粉后晾干。

也可以采用其他的节约、简便的方法来表现，如，选用木工的锯末经水粉颜料染色后，撒在涂上白乳胶模型的表面，或者先撒后用软排笔刷水粉色，可以节约成本（图2-1-8）。如果面积较小的草坪或表现概念类的模型，可用绿色植绒纸直接敷贴（图2-1-9）。

以上这些是创造地坪的一般手段，供参考使用。

#### (2) 水体的制作

针对模型中的水体，主要采用象征性的手法，通过材质质感的对比，实现水的表现。通常可采用蓝、绿色有机玻璃或透明有机玻璃下衬色纸等方法。小型的模型采用透明有机玻璃（或平板玻璃）下刷色的方法（如果还有某些特殊的要求，那么也可以用喷枪从浅至深上色，还要符合由边缘至中心的过渡过程），可避免蓝、绿色有机玻璃颜色太艳的缺点。大型的模型也可用市场上有售的波纹玻璃，效果非常逼真，也有很好的装饰效果。

需要注意的是，水体应该铺在各种地面材料的最底层，通过层次与颜色的变化，可表现出水体的特征（图2-1-10）。如果是大的景观、规划类模型，满铺底层的做法虽然会浪费一点材料，但制作方便，会避免很多底面不平整的麻烦。

图2-1-6

图2-1-7

图2-1-8

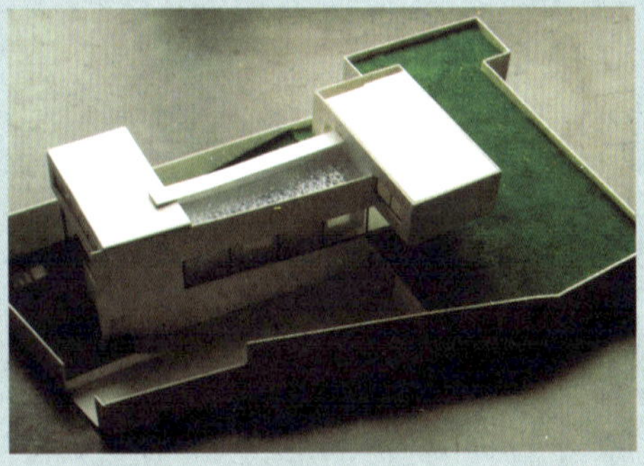

图2-1-9

图2-1-10

# 课题二　居室室内模型设计制作

## 课题阐述

通过制作室内空间模型可以有效地培养学生的空间尺度感。因为居室是平时生活随时接触的内容，会有比较熟悉的环境概念，也是一般房产展示的场所中较为常用的表现形态，有较高的实用价值。

## 作业内容及进度安排

制作全套单元的居室室内模型，可以运用概念设计的方法，主要表现室内环境空间与家具之间的关系（图2-2-1）；亦可以用写实表现手法，表现出室内装饰的所有材质质感与色彩，以丰富居室环境的艺术感染力（图2-2-2）。模型比例约为1：30或自定，采用硬质底板，附徒手表现图纸。

课时进度及要求讲课2学时，收集资料及设计制作20学时完成。

## 教学要求

通过室内设计课程的设计作业或收集现成的房产平面图，研究室内空间的特征与联系，把握环境设计的基本原则，确定单元空间的平面、剖面尺寸，掌握图纸表现与模型表现的方法。

图2-2-1

图2-2-2

## 操作方法

### 1. 可使用的材料

墙体建议采用KT板，因为KT板有一定的厚度，在比例适当的情况下，制作简便易行，可以节约时间与精力，以便集中力量制作内部空间环境。

### 2. 可使用的加工工具

由于材料轻便，使用美工刀即可。

### 3. 可使用的胶粘剂

可用双面胶固定，但不能使用502或含有二甲苯溶剂的胶粘剂，否则会将KT板溶解掉。

### 4. 室内局部材质效果的制作技巧

#### (1) 磨砂玻璃图案的制作方法（图2-2-3）

① 准备一块1毫米厚度的透明有机玻璃板（氯乙烯材料板也可以，但透明度不够），首先在整块材料上贴上胶带（或封箱带），在要做成透明效果的部分画线，并沿着线用美工刀轻轻地进行切割。

② 撕掉胶带（或封箱带），只留出要做成透明的部分。

③ 喷透明亚光漆，待其干后从远处再喷一次，左右晃动喷罐使表面覆盖一层薄雾状颜料。喷一点，等风干后再喷，重复此操作2—3次。

④ 待颜料干后，撕掉剩余的遮蔽胶带（或封箱带），只有余下来的那个部分是透明的效果。

⑤ 完成后的效果。

图2-2-3

### (2) 白色花岗岩效果的制作方法（图2-2-4）

需要准备的材料：0.3毫米厚透明有机玻璃板，丙烯颜料，网格宽度约4毫米左右的金属丝网筛，牙刷以及白色喷漆。

准备透明有机玻璃板。将网格宽3~4毫米的金属丝网筛剪到合适大小。将黑色、白色、灰色及银色丙烯颜料稍稍稀释保持其较浓。将透明有机玻璃板放在白纸上面，先用牙刷将灰色颜料通过网筛刷撒上去。待表面颜色干透后，再把蘸有白色颜料的牙刷在网筛上涂刷。接着上黑色，然后上银色。若其中一种颜色不够均匀时则需要补色，但必须当前一层颜色干透后再上第二层颜色。

表现塑料模型感觉的白色喷漆要呈现出表面的光滑效果。黑色花岗岩则用黑色喷漆完成。

将板材翻转过来，效果应该和实物基本相仿。

如制作一块具有圆形白色花岗岩及黑色花岗岩效果的丙烯材料板，将前面做好的白色花岗岩效果的板材用胶带完全遮蔽起来，用切圆美工刀进行切圆，圆部分的遮蔽纸不要动，将其他部分移除。再喷涂黑色喷漆，待完全干燥后再将圆形遮蔽纸去除。如此，就能在同一块透明丙烯材料板上呈现出两种花岗岩效果了。

图2-2-4

(3) 带网格的大理石效果（图2-2-5）

① 做带网格的大理石效果和制作白色花岗岩方法一样，要先制作光滑表面的黑色花岗岩模型。首先用牙刷通过网筛将灰色、白色及银色丙烯颜料刷撒到透明丙烯材料板上。

② 待①中颜料风干，用黑色喷漆充分喷涂。

③ 待②中颜料风干，将板面翻过来就是表面光滑的黑色花岗岩效果。

④ 接着在整块板上贴上遮蔽贴纸。

⑤ 用美工刀自上而下切割贴纸。区分光滑表面和粗糙表面，在两者之间划出切槽。

⑥ 将要制作光滑表面部位的遮蔽纸保留，只需撕掉需要做成粗糙表面的部分。接着将深灰色喷漆颜料罐在一定距离（约50厘米左右）处边晃动喷罐边进行喷涂，然后用同样方法喷涂黑色。注意：关键是，喷涂时手压按喷头的力量要轻，不要喷得太湿。

⑦ 将剩余的遮蔽贴纸全部撕掉，如图所示，两种不同视觉效果的象棋棋盘大理石图案的模型就完成了。

图2-2-5

# 课题三 单体生活空间概念设计制作

## 课题阐述

什么是可取的生活方式？不同的民族、文化背景与信仰，在这一问题上都会有不同的答案。然而不假思索的盲从是最可悲的。在4 m×4 m×4 m的立方体内，创造出适宜的生活空间，这种假设的限定条件目的是使这一创作过程远离任何可能的摹本——包括我们已经历过的居住空间形态、我们耳濡目染的房地产商业宣传、前人的各种建筑作品、人体工程学的有关知识——而只专注于对个体的任何可能的生活方式的思考（图2-3-1，图2-3-2）。

图2-3-1

图2-3-2

## 作业内容及进度安排

对4 m×4 m×4 m的正立方体进行室内设计，设计主题为“居——我的生活空间”，并为“居”创造“园”的概念环境。需要提及一下的是，其实“居”和“园”的设计思路并不要求学生面面俱到，只要有一个好的想法，无论是空间也好，材料、颜色也好，都有出彩的可能。如图2-3-3的立方体轻轻一旋，就什么都有了，空间还与众不同，形体也别致。

模型比例为1：25，采用硬质底板，附徒手表现图纸。

讲课2学时，收集资料及设计制作20学时完成。

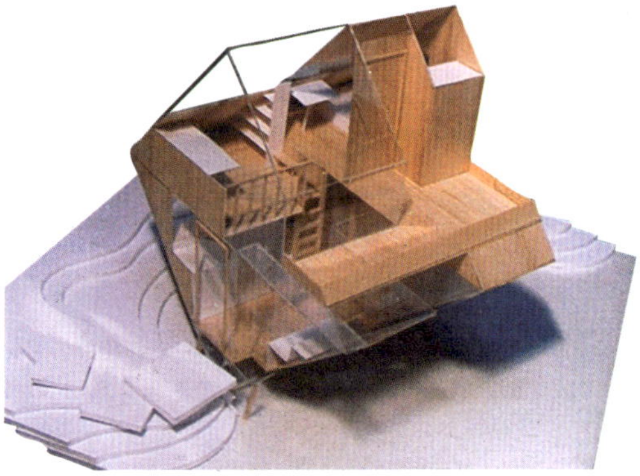
图2-3-3

## 教学要求

通过基本单元的设计，熟悉人体基本尺度与活动空间之间的关系；分析活动方式的构成，创造个性空间形式；研究室内外空间的特征与联系，把握环境设计的基本原则；确定单元空间的平面、剖面尺寸，掌握图纸表现与模型表现的方法。

## 操作方法

本课题的练习主要有两个方面：建筑主体——居，外部环境——园。建筑主体部分在构思设计好后可用前面课题中学习的方法尝试制作，本处我们主要讲述外部环境中植物的制作方法与技巧。

对植物的表现方法也同其他部分一样，有抽象的表现法和具象的表现法。但始终要记住的是，对建筑物的表现仍然是主要的，把它抽象化也好，具象表现也好，点景都应该紧紧围绕突出建筑主体的目的来安排。树木的表现除了用真的树枝之外，身边的废旧物品也可以利用，这就需要我们平时注意细心收集，在具体运用时按具体实物比例合理处理。

如果说建筑物是主景，则点景就是配景，配景若不逼真形象，主景则很难引人入胜；但是，配景若过于显眼夺目，主景就会被削弱，造成配景强于主景，这样易造成喧宾夺主或是主景被淡化等不利情况。所以制作时要特别重视。有时点景物象，如人物和车辆可以用来表示比例关系，当然，主要的作用还在于对建筑周围关系的创造，创造富有生活气息的环境氛围，从而使模型更加生动、亲切，增强艺术感染力（图2-3-4）。

目前模型材料市场有出售植物类的配景模型。在专业的模型公司里，植物类的造型基本上采用购置成品（图2-3-5）、半成品的做法，如枝干是塑料制成的半成品，需要再次加工，粘上树叶（或锯末、海绵）造型才算完成。而学生作业则不妨自己动手制作模型植物。这类表现方法有写实性表现、装饰性或是抽象性表现。

**1. 写实性植物模型的制作技巧**

在写实性表现时，要注意表现植物姿态的造型，严格控制比例关系，以利于更好地表现植物外貌特征，从而达到形似效果。所以，在选用的材料中，绿色叶子部分的造型基本上采用海绵（撕成碎末）、丝瓜瓤（撕成碎末）等材料来做；枝干部分的造型可以利用天然的（晾晒干的）细树枝或采用粗细不同的不锈钢丝、铜丝、铁丝（1：100以上）等材料去表现。当然，要根据植物的造型特点去选用相应的材料去表现（图2-3-6）。

图2-3-4

图2-3-5

图2-3-6

树木的造型是由绿色的叶子和树干构成。因此，首先要准备树叶和树干这两种基本材料。

第一步：绿叶造型。不论是哪一种绿色植物，均需要准备植物的绿色材料，而且要多准备一些备用。不过，值得注意的是，一般的情况下由于模型的比例不同，在对仿树叶造型材料上的选择也有不同之处，大致是1：50以内采用丝瓜瓤，1：100以内采用海绵，1：100以上采用锯末材料。将锯末清理一下，除去大块的杂质，再用广告色（或丙烯颜料）调制成绿色的水剂，然后将锯末放入绿色的水剂中进行染色（水分不宜太多，避免难以干燥，以及颜色被冲淡），最后晾晒（也可以采用吹风机吹干）待用。要注意锯末的干湿色彩效果不同，湿的锯末颜色较深，锯末干了以后，色泽会变浅许多。所以，在调制色剂时要随时注意根据建筑模型的整体关系要求来调整色彩的深浅。

第二步：植物的枝干造型。一般的情况下，由于模型的比例不同。在对仿树枝造型材料上的选择原则是：1：50以内可采用天然的树枝，1：100以上时可选用牙签、不锈钢丝等材料。

下面介绍几种植物模型的制作方法。

（1）一般树木的做法（图2-3-7）

① 用美工刀切开包在电线外面的橡胶膜，取出铜丝，用于做树干。剪切时可以多加2厘米左右的长度。

② 如果需要将树干加粗，则可以再加一些铜丝拧在一起做树干。

③ 树枝的制作过程可以从底部开始做起。首先将几股细铜丝分开，分别拧成树枝的形状，围着树干绕上2~3圈，重复上述操作以增加树枝的数目。由树根部位向树顶部位做树枝，再将做好的树枝分得更细一些。

④ 若顶端多余的部分太长则可用钳子剪去。

⑤ 插在衬板上（如聚苯乙烯材料板），用灰色颜料进行整体喷涂，接着用褐色颜料在约40厘米距离处喷涂。从衬板上取下，然后在树枝上酌量覆盖油灰泥。

⑥ 在树枝上撒做好的绿色颜料粉。然后将树倒立，用同样方法再撒一次，保证树叶呈现三维立体感。若颜料粉撒得太薄，可待其干后加白乳胶再涂撒一次。

⑦ 完成后的效果。

图2-3-7

(2) 灌木(草丛)制作方法

制作灌木(草丛)最好采用丝瓜瓤、海绵。将剪碎的海绵染色、晾干，待用。依据配色的需要，色彩可以染成多种多样。

表现灌木具体步骤是:

① 灌木不需要表现枝干，所以，先将作为灌木用的材料进行染色，各种色彩都要有才好。因为在模型中需要的量少，故色彩鲜艳点没有关系，仅是为了点缀而设。

② 用剪刀、手撕折方法将海锦、丝瓜瓤塑造出灌木的造型。先用白乳胶将锯末粘聚在一起，再用筷子造型。

③ 在准备布置灌木的地方涂万能胶。

④ 根据需要将不同色彩的锯末粘在所需的地方。

**2. 装饰(抽象)性植物表现技巧**

采用装饰(抽象)性的表现方法时，要注意表现植物的神似效果而非真实再现效果。装饰(抽象)性表现的关键取决于材料的本身与树木装饰性造型的完美结合，因此要注意充分利用材料自身特点，并运用恰到好处的表现方法。装饰性特点：概括、简略、神似，即抓住树木的轮廓造型与材料的可塑性即可。

下面介绍有关装饰性树木表现的几种方法。由于采用的材料不同，表现的形式也会不同，当然其效果也就会大为改观。

① 采用大约1 cm厚的海绵材料。首先将海绵染色，然后再将其修剪成图形或锥形即可(图2-3-8)。图中间杂的树木造型效果是为建筑色调的统一制作成仿木质效果的树木，让人们同样感受到绿色树木的存在。

② 采用大约0.3 cm厚有机玻璃材料。首先要确定树的大小，其次要先铺设象征性的绿色草地，然后再布置装饰性的树木。

③ 采用石膏材料。利用石膏的可塑性，制作装饰性的圆球形树木造型。

图2-3-8

④ 采用绒线材料。经过细铜丝捆扎、修剪效果也很不错。(图2-3-9)。

⑤ 采用废旧材料。采用废旧吸管，将吸管剪成具有装饰性的树枝造型，恰到好处地表现线状造型的树木。

⑥ 利用塑料制品的串珠粒制成装饰性树木。首先，将串珠粒染成绿色，然后在中间插上一支牙签，涂上立时得胶，粘上锯末，晾干，即成为一棵漂亮的树木。还可以利用亚麻、色纸等材料制作树木，同样可以获得很强的装饰效果。

⑦ 采用纸板材料，将纸板裁剪成装饰性的树造型(图2-3-10)。

⑧ 采用天然的干树枝、树根、干果实、干花朵等直接作为建筑环境的配景，如果比例采用得当一样能获得良好的效果(图2-3-11)。

图2-3-9

图2-3-10

图2-3-11

# 课题四　主题性快题设计制作

## 课题阐述

锻炼学生感受与表达的快速，不妨设计若干快题，让学生在短期内制作一个模型，以启发思维的活跃性，对从平面的习惯性表现向立体的空间设计转变，是积极而有意义的。题目可以多样，有从传统建筑中转变而来的，如亭、桥结构的变异，也有座椅样式的变化（图2-4-1至图2-4-5）。用不多的学时或者利用课余时间，制作小型模型一个。

图2-4-1

图2-4-2

图2-4-3

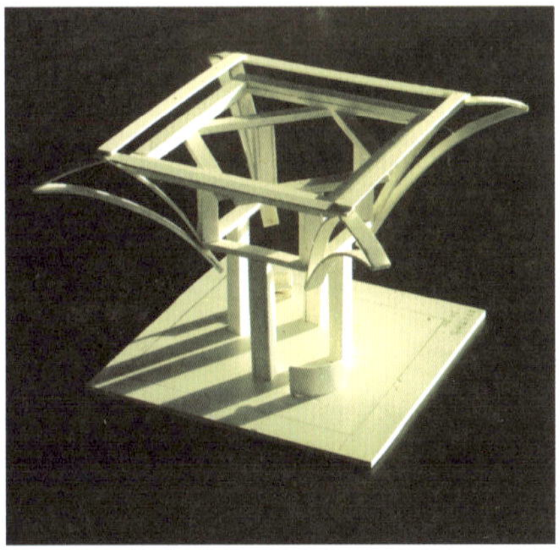

图2-4-4

图2-4-5

## 作业内容及进度安排

学习传统建筑中的亭、桥样式，或了解平常常见的座椅等，设计改变造型、结构、样式，采用普通模型材料，如雪弗板等，快速制作。模型比例不限，可视建筑规模的大小而定。

课时进度及要求：讲课2学时，选择材料及制作约10学时完成。

## 操作方法

### 1. 可使用的材料

本课题练习建议使用纸板卡、雪弗板等材料，其特点是便于切割，黏合快速，适合在短时间内完成作业。

### 2. 可使用的胶粘剂

可使用万能胶、PVC胶、502胶等。

### [技法延伸]

模型配件制作方法

针对本课题练习所采用的材料加工，制作方法可参考上一课题的内容。本处要介绍一种利用现成材料制作建筑配件的方法。

制作模型常可利用一些现成的成型材料，如喝饮料用的吸管、乒乓球的球体等等，做适当的加工，变化成合适的构件。

见图2-4-6，① 是各种不同粗细的塑料吸管；

② 可以根据需要，喷上各种色漆，改变它们的外观效果。

③ 喷上银色和白色漆后的吸管，显得光彩夺目。

④ 可直接用作建筑的立柱等，节约时间与精力，效果要比手削的圆柱好得多。

⑤ 也可利用现成的PVC管材制作的圆形建筑概念模型。

图2-4-6

# 课题五　临摹大师的建筑作品

## 课题阐述

许多建筑评论听上去与文学评论无异：虚幻的描述和雷同的感悟，绝对无法让人体会到蕴藏在杰出建筑作品中的伟大生命。设计创作的实践者与观赏者有着不同的角度。事实上，一旦创作者完成了他的作品，他就丧失了对他的作品的绝对发言权而成为观赏者的一员，作品也随即变成为“文本”。而对于文本来说，没有终极的、一劳永逸的诠释，它导向的是解释的多种可能性。

也许只有以参与者而不是观察者的身份介入这些杰出作品的创作过程，才有可能重新揣摩创作者的意愿。让我们满怀崇拜与敬畏之心，重新体验大师们的创作冲动，感受笼罩在大师们身上的光环所发出的光辉。

## 作业内容及进度安排

以国内外著名建筑师的某小住宅名作为蓝本，制作模型一座（图2-5-1至图2-5-4）。模型比例为1：50。

讲课2学时，制作20学时。

图2-5-1　柯布西耶设计的别墅

图2-5-2

图2-5-3 文丘里设计的住宅

图2-5-4

## 教学要求

了解和学习资料收集、整理、分析的过程及方法；初步了解从古至今世界范围内小住宅名作的概念，通过对某一小住宅名作的模型制作，深入了解其功能组成及形态特点；了解建筑的基本元素、空间的基本尺度及建筑环境；学习和掌握模型制作与表现的方法及技巧。

## 操作方法

### 1. 可使用的材料

分析大师作品的形态特征及设计理念，材料的选择范围非常广泛。可利用卡纸板、航模木板、雪弗板、有机玻璃、金属等材料制作。

### 2. 弧形立面加工方法

建筑有时会有弧形的立面，需要做适当的加工。

图2-5-5是将雪弗板靠在一定大小的圆形物体上，用电吹风轻轻地、反复地吹，直到板面慢慢弯曲过来。但一定要注意不能太心急，温度不能太高，否则板面会变形。

图2-5-6，可以看见一块平的雪弗板已经有一定的弧度了。

在弧形的板面上加圆形的顶面，可以给立面的弧度定位。图2-5-7为制成的带有弧度的建筑。

图2-5-8
在弧形的板面上加圆形的顶面，可以给立面的弧度定位，图2-5-8为制成的带有弧度的建筑。

图2-5-5

图2-5-6，加热不均匀的雪氟板呈有弧度但不圆润。

图2-5-7，仔细加工的弧形雪氟板两端加一块平板可以固定住形体。

# 课题六 对经典艺术作品的感受和再创造

## 课题阐述

站在大师的肩膀上，在大师的画布上涂鸦，还有比这更愉快的创作过程吗？现代艺术与现代建筑的发展有着重要的联系，缺乏对现代艺术的理解，就无法进一步地理解现代建筑以来的许多建筑现象。

刚刚接触环境艺术设计专业的学子们对现代艺术的理解程度不一。认识蒙德里安、马列维奇和康定斯基，体验一下他们的作品，最好的方法就是让我们一起进一步地发展大师们的创作。感受由简单的几何形体所形成的形式感，感受由这些几何形体组成的三维架构的感染力，帮助我们跨进环艺设计的大门。

## 作业内容及进度安排

选择一幅抽象画（如蒙德里安、马列维奇、康定斯基等人的作品），并将之转换成立体形式。

模型底板尺寸150 mm×150 mm,高度限制150 mm，材料不限。

讲课2学时，模型制作6学时。

## 教学要求

通过对抽象艺术的鉴赏，初步了解现代平面艺术的构图方式，建立平面与立体的对应关系，初步掌握模型制作的一般过程及加工方法。

## 操作方法

**可使用的材料**

由于大师作品的图形十分丰富，因此材料选择也变得具有挑战性，不一定要选专业的材料，反而可以去发现一些现成的成品材料，甚至一些被废弃的材料，经过切割加工，会有出人意料的特殊效果。

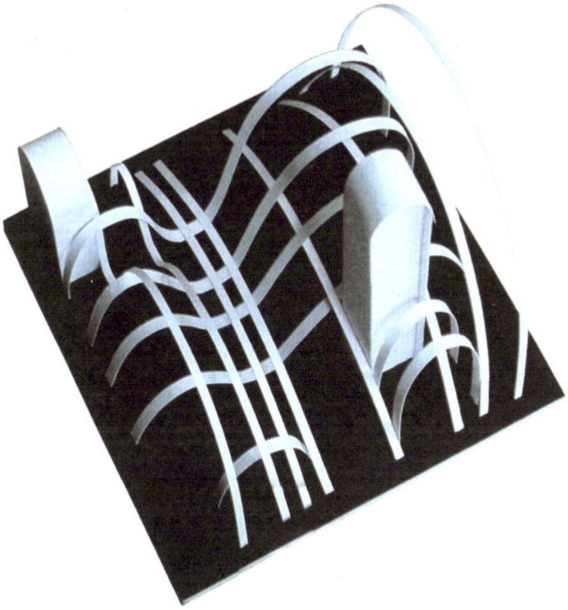

图2-6-1 将平面形式转换成立体的构成，这之间可以产生丰富的想象。蒙德里安的几何感极强的平面构图，在这儿变成了波浪起伏的、具有飘逸感的三维形式，几个色块被巧妙处理成高低不同的体块，与细长的波浪形线条形成恰如其分的对比。

图 2-6-2 这个模型强化马列维奇作品中“动”的因素，强化其中的无序感而不是秩序感，作者利用不同材料的肌理变化形成了充满活力的形态。

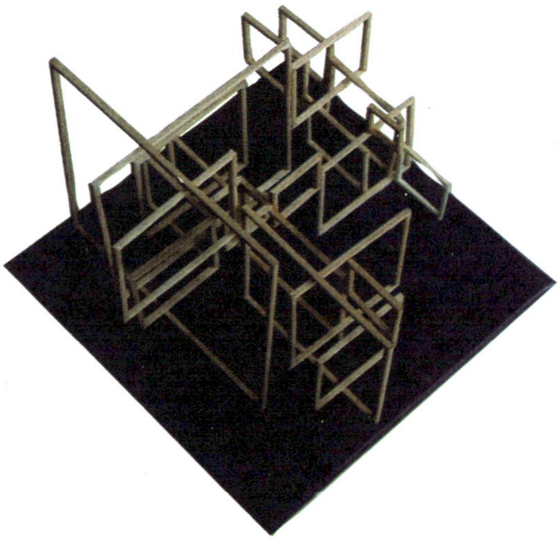

图 2-6-3 这两个作业都是对蒙德里安作品的立体表达，但使用的手法不同。左图作业运用“块”材直接表现作品的空间立体感；右图作业运用“线”材表现，线材本身的构成富有表现力，同时由“线”所限定出的虚空间亦极富表现力。

## [技法延伸]

### 聚苯乙烯模型制作技法

用聚苯乙烯材料制作建筑模型是一种简便易行的制作方法，主要用于制作建筑构成模型、工作模型和方案模型，基本制作步骤为画线、切割、粘接、组装。

在制作模型时，首先要对所使用的电热切割器进行检查与调试。用直角尺测量电热丝是否与切割器工作台垂直，然后通电，并根据所要切割的体块大小，用电压来调整电热丝的温度，电压越高温度越高。一般电热丝的温度调整到使切割缝隙越小越好，因为这样才能控制被切割物体平面的光洁度与精度（图2-6-4）。

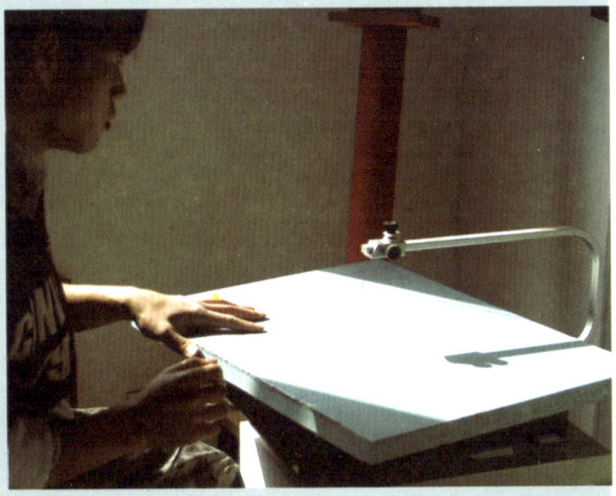

图2-6-4

在进行体块切割时，为了保证切割面平整，除了要调整电压，控制电热丝温度外，被切割物在切割时要保持匀速推进，中途不要停顿，否则将影响表面的平整。

在切割异形体块时，要特别注意两手间的相互配合。一般一只手用于定位，另一只手推进切割物体运行，这样才能保证被切割物切面光洁、线条流畅。

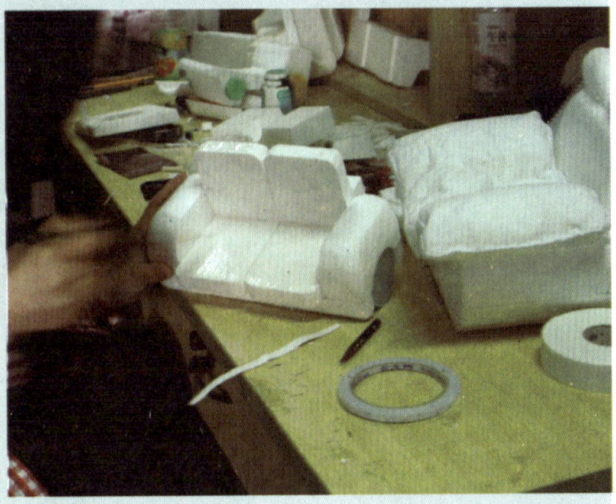

图2-6-5

在所有体块切割完毕后，便可以进行粘接、组装。在粘接时，常用乳胶作为胶粘剂。但由于乳胶干燥较慢，所以在粘接过程中，还需要用大头针进行扦插，辅助定型。待通风干燥后进行适当修整，便可完成其制作工作（图2-6-5）。

# 课题七 测绘实体建筑制作模型

## 课题阐述

为了与其他环艺课程相联系，可以在测绘实体建筑的基础上获得实测数据，然后进行模型制作。这样，既获得了实际的建筑尺度感受，又获得了准确的各部位数据，制作的模型会有相当的准确比例与尺度感，对锻炼学生的建筑与环境关系的把握以及加强动手能力具有促进作用（图2-7-1至图2-7-4）。

图2-7-4

图2-7-1

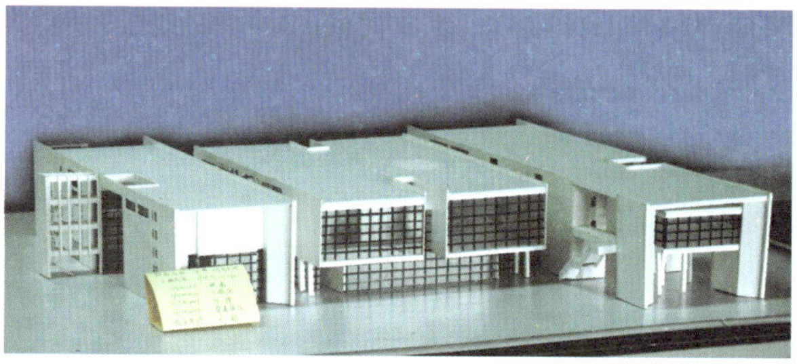

图2-7-2

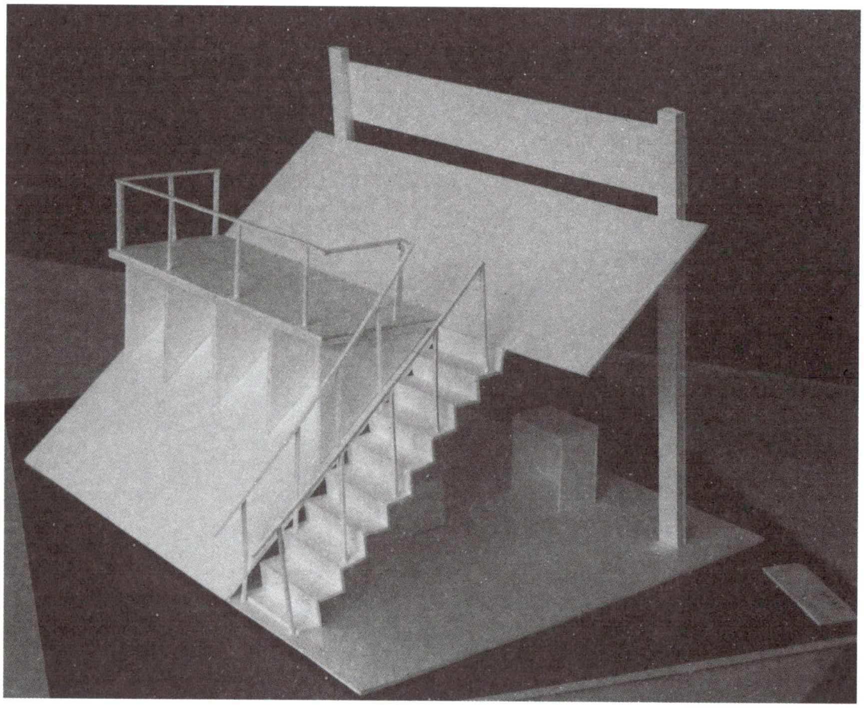

图2-7-3

## 作业内容及进度安排

根据以前测绘课程获得的数据进行模型制作，如果建筑比较复杂，可以分组进行，两三人为一组，协作完成。

模型比例约为1：100，亦可视建筑规模的大小而定。

讲课2学时，选择材料及制作40学时完成。

## 操作方法

### 1. 可使用的材料

可主要采用PVC板(雪弗板)为本课题建筑模型主材，一般2 mm厚即可。PVC板是一种新型的模型制作材料，通常为白色与黑色两种色彩。材质挺括、易加工，可塑性强，适用范围广。材料密度较低，特别适合学生课程作业使用和手工制作。但切割后断面略显粗糙。

### 2. 可使用的胶粘剂

可选专用的PVC胶（一般路边的装修材料小店有售），也可用502等快干胶。

### 3. PVC板模型制作技法

(1) 选材

市场上出售的PVC板厚度0.5~10 mm都有，或者更厚，用来制作建筑模型的PVC板厚度一般为1~5 mm。在加工过程中，由于密度较低，材料的表面很可能受到不同程度的损伤，应时时注意板材表面的情况。

在选材时，一般用白色板材进行制作，因为白色板材便于画线，同时也便于后期上色处理。

(2) 画线

在材料选定后，就可以进行画线放样。画线放样即根据设计图纸和加工制作要求将建筑的平立面分解并移置在制作板材上。在PVC板上画线放样有两种方法，其一是利用图纸粘贴替代手工绘制图形的方法；其二是测量画线放样法，即按照设计图纸在板材上重新绘制制作图形。

在PVC板上绘制图形，画线工具一般选用铅笔即可。最后模型黏合完成后，用橡皮将线条擦干净。

(3) 切割

在放样完毕后，便可以分别对各个建筑立面进行加工制作。其加工制作的步骤一般是先进行墙线部分的制作，其次进行开窗部分的制作，最后进行平立面的切割（图2-7-5）。

在制作墙线部分时，一般是用勾刀做划痕来进行表现的。在用勾刀进行墙线勾勒时，一方面要注意走线的准确性，另一方面要注意下刀力度均匀，勾线深浅要一致。

在墙线部分制作完成后，便可以进行开窗部分的加工制作。这部分的制作方法应视其材料而定，一般用美工刀或手术刀直接切割即可成型。待所有开窗等部位切割完毕后，可以用锉刀进行统一修整。修整后，便可以进行各面的最后切割，即把多余部分切掉，使之成为图纸所表现的墙面形状。

图2-7-5

### （4）粘接、组合

在粘接PVC板时可直接选择PVC胶粘剂。在初次粘接时，定位后要进行观察，看接缝是否严密、完好，粘接面与其他构件间的关系是否准确，必要时可用量具进行测量（图2-7-6）。

当模型粘接成型后，还要对整体进行一次打磨。打磨重点是接缝处及建筑物檐口等部位。

### （5）上色

上色是PVC板制作建筑主体的最后一道工序。一般此类材料的上色都是用涂料来完成。目前市场上出售的涂料品种很多，有调和漆、喷漆和自喷涂料等。在上色时，首选的是自喷漆类涂料。这种上色剂具有覆盖力强、操作简便、干燥速度快、色彩感觉好等优点。

图2-7-6

**【技法延伸】**

喷漆上色的技巧

选择颜色合适的自喷漆，然后将自喷漆罐上下摇动约20秒，待罐内漆混合均匀后即可使用。喷漆时，一定要注意被喷物与喷漆罐的角度和距离，一般被喷物与喷漆罐的夹角在30°~50°之间，喷色距离以30cm左右为宜。

具体操作时应采取少量多次的喷漆原则，每次喷漆间隔时间一般在2~4分钟。雨季或气温较低时，应适当地延长间隔时间。在进行大面积喷漆时，每次喷漆的顺序应交叉进行。即第一遍由上至下，第二遍由左至右，第三遍再由上至下依次转换，直至达到理想的效果。

此外，在喷漆的实际操作中，如果需要有光泽的表层效果时，在喷漆过程中应缩短喷漆距离并均匀地减缓喷漆速度，从而使被喷物表层在干燥后就能形成平整而光泽的漆面。但应该指出的是，在喷漆时被喷面一定要水平放置，以防漆层过厚而出现流挂现象。如果我们需要哑光效果时，在喷漆过程中要加大喷漆距离并加快喷漆速度，使喷漆在空中形成雾状，并均匀地散落在被喷面表层。这样重复数遍后漆面便形成颗粒状且无光泽的表层效果。

# 课题八 抽象空间形态模型设计制作

## 课题阐述

在室内设计教学中，如何理解与处理诸如空间的对比与变化，空间的重复与再现，空间的衔接与过度，空间的渗透与层次，空间的序列与节奏等，需要作为一个课题加以研究，通过实践操作归纳出里面的理论知识和实践经验。

从模型的设计练习中，我们可以感受到空间形态有着广泛的互联性。虽然我们的模型从外在形态来看，是一个外凸的实体，但我们是从立方体的内凹形入手，从凹凸的想象出发，同室内设计中的内部空间意象联系一致，因而我们更多地倾向于对内部空间的探索与把握。从图中我们所见到的几个不同的形体，其实都是同一个立方体的不同侧面。但在这里我们却看到了性格迥异的空间形态。从整体看，它们仿佛分别是几个不同的个体，然而仔细观察，不难发现它们内在的联系。这种联系主要分两点:

① 面的转折、顺序过渡。如图2-8-1，a面的形自然过渡到b面。图2-8-2，a面形状影响和决定着b面和C面的形状，这种三面互联的形态使整体显得完整、特征明显。

② 体的互联、转换。

如图2-8-3，a面的内凹形体也许就是C面的外凸形，但同时也受到来自其他任何面的内凹形体的干扰，从而形成变化的趣味。

从模型的抽象空间构成练习中，我们可感受到空间设计手法的多样性,模型设计所展现的内外部互置的空间形态呈现出的变化可谓丰富多彩。就形体本身而言，极简单的几何形，经过排列、组合，即可表现出对比协调等变化。对形体的体量稍加改变，则可形成递进、突变等关系，形成丰富的节奏感、序列感、层次感，这给我们进一步发挥空间想象力，拓展空间设计的创造性，提供了很好的依据（图2-8-4至图2-8-8)。

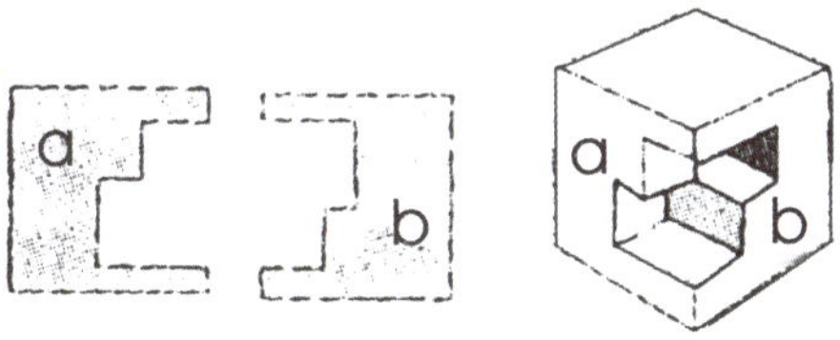


图2-8-1

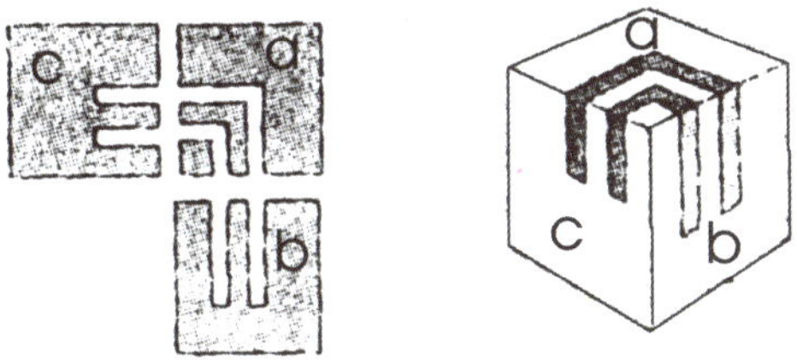


图2-8-2

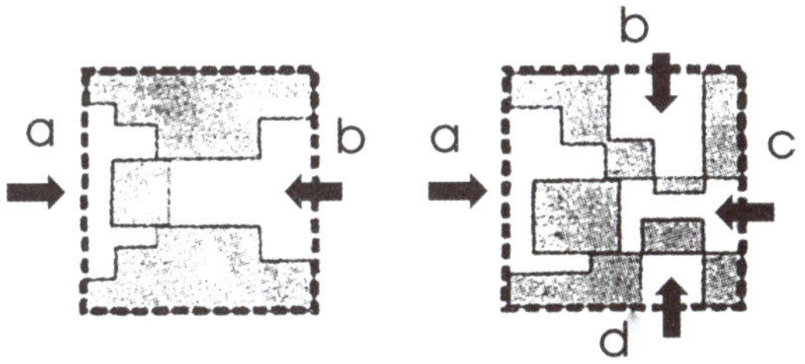


图2-8-3

边与边粘接主要是面间组合时采用的一种粘接形式。在进行这种形式粘接时，必须将两个粘接面的接口，按粘接角度切成斜面，然后再进行粘接。在切割对接口时，一定要注意斜面要平直、角度要合适，这样才能保证接口的强度与美观。如果粘接口较长、接触面较小时，同样也可根据具体情况考虑进行内加固。

在粘接厚纸板时我们一般采用白乳胶作为胶粘剂，在具体粘接过程中，一般先在接缝内口进行点粘。由于白乳胶自然干燥速度慢，可以利用吹风机烘烤，提高干燥速度。待胶液干燥后，检查一下接缝是否合乎要求，如达到制作要求即可。

图2-8-9至图2-8-12是用纸板制作的建筑模型。

图2-8-9

图2-8-10

图2-8-11

图2-8-12

## 课题九 家具模型设计制作

### 课题阐述

家具模型设计用按同比例缩小的方法，表达家具的造型、功能、尺度与尺寸、色彩、材料和结构，主要包括造型设计、结构设计及工艺设计三个方面。设计的整个过程包括收集资料、构思、绘制草图、制作。设计一件家具时，有着四个主要的目标，即功能、舒适、耐久、美观。

材料和工艺特性构成家具形体的物质基础。要在造型上取得良好的效果，必须熟悉各种材料的性能、特点、加工工艺及成型方法，才能设计出最能体现材料特性的家具造型（图2-9-1至图2-9-5）。

图2-9-1 以服装为造型依据的坐椅设计

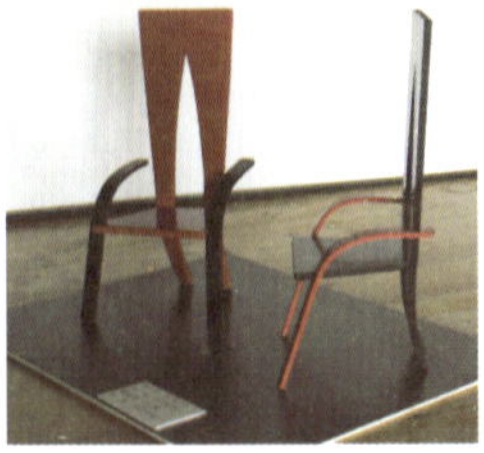
图2-9-2 临摹国外现代家具的模型作业

图2-9-3 用泡沫板制作的卡通造型单人沙发

图2-9-4 双人卡通版沙发

(1) (2) (3) (4)

图2-9-5 用高密度泡沫做的可拼接的家具。图(1)-(4)分别为不同的拼接效果

## 作业内容及进度安排

设定一个家具主题，通过收集相关资料，画出家具设计草图，根据草图制作出家具模型。一般建议选择单件家具，比如椅子、沙发等。

讲课2学时，选择材料及制作20学时完成。

## 教学要求

家具缩微模型的设计和制作，最具意义的应该是造型。

本课题的教学应注意三个方面：

① 形体的组合、比例的运用、空间的处理、体量的协调、虚实的布局等；

② 主色调的选择、色块的安排、色彩的处理等；

③ 材料质地和纹理的运用、反射和色泽的处理等。对有些装饰性强的家具还需考虑题材选择、装饰的形式、装饰的布局等。

## 操作方法

**1. 可使用的材料**

模型比例可视规模大小而定，可运用航模板、雪弗板、聚苯乙烯板、木板等多种材料制作。

**2. 木质家具及建筑模型制作基本技法**

木材自身所具有的纹理、质感所具备的古朴、自然的视觉效果，是其他材料所不能比拟的（图2-9-6至图2-9-8）。用木材制作家具、建筑模型的基本制作技法可通过选材、材料拼接、画线、切割、打磨、粘接、组合等步骤来实现。

图2-9-6

图2-9-7

图2-9-8

### 1. 选材

木质模型最主要的是选材问题。因为用木板制作家具模型，主要是利用材料自身的纹理和色彩表层，不用作后期处理，所以选材问题就显得格外重要。

一般选材时应考虑纹理清晰、疏密一致、色彩相同、厚度规范的板材作为制作的基本材料。在制作木质模型时，一般采用航模板。由于板材很薄，再加之有的木质密度不够，所以强度很低，在切割和稍加弯曲时，就会产生劈裂。因此，在选材时要选择一些木质密度大、强度高的板材作为制作的基本材料。

### 2. 材料拼接

在选材时，还可能遇到板材宽度不能满足制作尺寸要求的情况，在遇到这种情况时，就要通过木板拼接来满足制作需要。木板材拼接一般是选择一些纹理相近、色彩一致的板材进行拼接，方法有如下几种。

#### （1）对接法

对接法是板材拼接的常用方法。它首先要将拼接木板的接口进行打磨处理，使其缝隙严密，然后刷上乳胶进行对接。对接时略加力将拼接板进行搓挤，使接口内的乳胶溢出接缝，然后将其放置于通风处干燥。

#### （2）搭接法

搭接法主要用于原木板的拼接。在拼接时，首先要把拼接板接口切成子母口。然后，在接口处刷上乳胶并进行挤压，将多余的胶液挤出，经认定接缝严密后放置于通风处干燥。

#### （3）斜面拼接法

斜面拼接法主要用于薄木板的拼接。拼接时，先用细木工刨将板材拼接口刨成斜面。斜面大小视其板材厚度而定。板材越薄，斜面则应越大；反之，斜面越小。接口刨好后，便可以刷胶、拼接。拼接后检查是否有错缝现象，若粘接无误将其放置于通风处干燥。

### 3. 画线

在上述材料准备完成后，便可进行画线。

画线时，可以在选定的板材上直接画线。画线采用的工具和方法可以参见前一课题厚纸板模型的画线工具和方法。无论采用何种方法绘制图形，都要考虑板材纹理的搭配，确保模型制作的整体效果。

### 4. 切割

在画线完成后，便可以进行板材的切割。切割时，较厚的板材一般选用锯进行切割，薄板材一般选用刀进行切割。在选择刀具时，一般选用刀刃较薄且锋利的刀具，因为刀刃越薄、越锋利，切割时刀口处板材受挤压的力越小，从而减少板材的劈裂现象。

此外在板材切割过程中，除了要选用好刀具，还要掌握正确的切割方法。用刀具切割时，第一刀用力要适当，先把表层组织破坏，然后逐渐加力，分多刀切断，这样切割即使切口处有些不整齐也只是下部有缺损，而绝不会影响表层的效果。

### 5. 打磨

在部件切割完成后，按制作木模型的程序，应对所有部件进行打磨。打磨是组合成型前的最重要环节。

在打磨时，一般选用细砂纸来进行。具体操作时应注意以下三点：一要顺其纹理进行打磨；二要依次打磨，不要反复推拉；三要打磨平整。

### 6. 粘接、组合

在打磨完毕后，即可进行组装。在组装粘接时，一般选用白乳胶和德国生产的hart胶粘剂。切忌使用502胶进行粘接，因为502胶是液状，黏稠度低，它在干燥前可顺木材的孔隙渗入到木质中，待胶液干燥后，木材表面则留下明显的胶痕，这种胶痕是无法清除掉的。而白乳胶和德国生产的hart胶粘剂胶液黏稠度大，不会渗入到木质内部，从而保证粘接缝隙整洁美观（图2-9-9、图2-9-10）。

图2-9-9

图2-9-10

## [技法延伸]

### 石膏材质模型制作基本技法

这里所说的石膏材质为熟石膏，这种模型材料早在15世纪后，就被广泛应用于艺术界及艺术设计、建筑等领域，成为复制黏土等可塑性材料所塑造的作品的通用成型方法（图2-9-11）。

1. 石膏材料

生石膏即天然石膏，是一种天然的含水硫酸钙矿物。纯净的天然石膏常呈厚板状，是无色半透明的结晶体。将生石膏煅烧至190℃以上时，即为熟石膏。

2. 调制石膏的方法和步骤

在开始调制石膏浆的操作前，必须先在容器中放入清水，然后再用手抓起适量的熟石膏粉，一次一次慢慢地、均匀地把石膏粉撒到水中，让石膏粉因自重下沉，直到撒入的石膏粉比水面略高，此时停止向水中撒石膏粉（图2-9-12）。

让石膏粉在水中浸泡1~2分钟，使石膏粉吸足水分后，用搅拌用具或手向同一方向进行轻轻地搅拌，搅拌应该轻轻地、缓慢地、均匀地进行，以减少由于空气溢入而在石膏中形成的气泡。连续搅拌直到石膏浆中没有块状为止。在搅拌的同时，感到石膏浆有了一定的黏稠度，此时的石膏浆处于最佳的制作状态（图2-9-13）。

3. 石膏成型的技法

石膏模型成型的方法有雕刻成型、旋转成型、翻制成型和平板成型等方法。

（1）雕刻成型

首先，按照我们要制作的模型零件的外观形状做一个大于模型尺寸的坯模。然后将调制好的石膏浆注入坯模块，待发热凝固后即可用于雕刻加工。在雕刻时要注意选用合适的工具。

（2）旋转成型

按照上述制作坯模的方法，在转轮上浇注石膏坯料，可手持模板或相应刀具依靠托架进行回旋以刮削成型。这种成型方法适合制作圆形的模型。

（3）翻制成型

将模型按制品的形状确定分模数量，一般有整体模、二件模、三件模等。翻模件数的多少反映了翻制工艺的繁简。通常翻制模型以采用二件模为多（图2-9-14）。

（4）平板成型

利用石膏的属性采用简单的加工方法，制作出平整的石膏板。

首先，在一块平整、干净的表面（如玻璃表面）按实际的形态和尺寸大小的需要，选用符合所需要厚度的木条或其他材料作为挡板，围成一个四周封闭、垂直的浇注空间，形成一个供灌注石膏浆的框架。然后，将调制好的石膏浆均匀地、慢慢地倒人预先搭好的框架中。在石膏尚未凝固时，在平板玻璃上用重物压镇，以上的操作过程应该快速、有序、准确、不可间断。等石膏凝固大约10分钟左右，用手摸，石膏不粘手，就可以移去覆盖在石膏上的玻璃板和周围的挡板。再用刮刀对表面边角进行修整就可以制作出一块平整的石膏板。

图2-9-11

图2-9-12

图2-9-13

图2-9-14

# 课题十 商业空间一角的设计制作

## 课题阐述

环艺专业学生的课程面较广，会接触到室内、景观、展示空间等内容，为锻炼学生观察与了解生活与专业的联系，可以设计这一类的题目：小型专卖店一角、展示空间一角、办公空间一角，等等（图2-10-1至图2-10-5）。课时不需要太多，但制作内容与过程比较有趣味，会激发学生的学习兴趣。

图2-10-1 展示空间

图2-10-2 餐饮服务空间

图2-10-3 餐饮空间

图2-10-4 接待空间

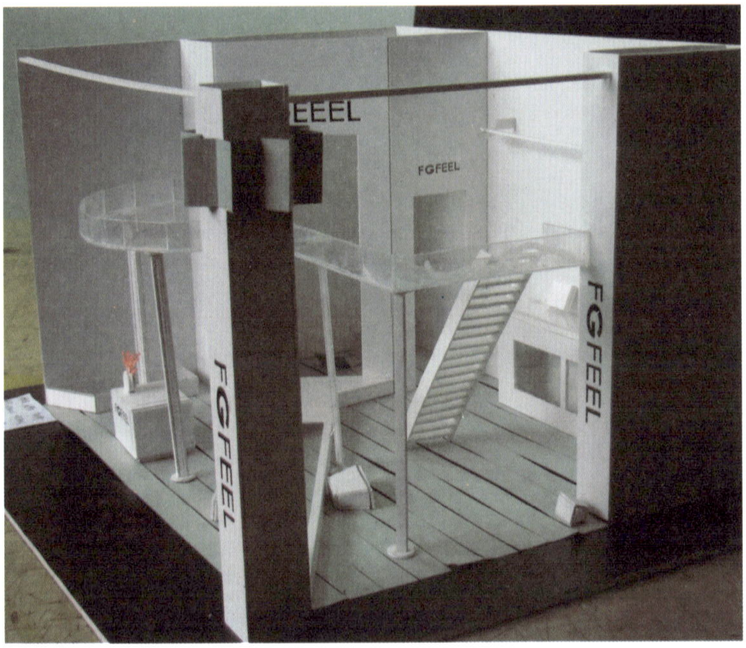


图2-10-5 专卖店

## 作业内容及进度安排

通过收集相关资料图片或现场速写、摄影，经过整理归纳，画出设计草图。

模型比例可视规模大小而定，但基座基本限定在50 cm×50 cm之内。

讲课2学时，选择材料及制作30学时完成。

## 操作方法

### 1.可使用的材料

本课题练习建议使用有机玻璃板、ABS板和雪弗板等材料。有机玻璃板和ABS板同属于有机高分子合成塑料，这两种材料有较大的共同点，以下一并介绍其制作基本技法。

### 2. 有机玻璃板及ABS板模型基本制作技法

有机玻璃板和ABS板是一种具有强度高、韧性好、可塑性强等特点的建筑模型制作材料，它们主要用于展示类建筑模型的制作。

#### 1. 选材

现在市场上出售的有机玻璃板和ABS板规格不一，用来制作建筑模型的有机玻璃板厚度一般为1~5 mm，ABS板一般为0.5~5 mm。在挑选板材时，一定要观看规格和质量标准。因为，目前国内生产的薄板材，由于加工工艺和技术等因素影响，厚度明显不均，因此在选材时要合理地进行搭配。另外，在选材时还应注意板材在储运过程中，材料的表面很可能受到不同程度的损伤。

#### 2. 画线

在有机玻璃板和ABS板上绘制图形，画线工具一般选用圆珠笔和游标卡尺。用圆珠笔画线时，要先用酒精将板材上面的油污擦干净，用旧的细砂纸轻微打磨一下，将表面的光洁度降低，这样能增强画线时的流畅性。

用游标卡尺画线，可即量即画，方便、快捷、准确。画线时，游标卡尺用力要适度，只要在表层留下轻微划痕即可。待线段画完后，可用手蘸些灰尘、铅粉或颜色，在划痕上轻轻揉搓，此时图形便可清晰地显现出来。

### 3. 切割

在放样完毕后，便可以分别对各个建筑立面进行加工制作。开窗部分的加工制作，若材料是ABS板，且厚度在0.5~1 mm时，一般用推拉刀或手术刀直接切割即可成型。若制作材料是有机玻璃板或板材厚度在1 mm以上的ABS板时，一般是用曲线锯进行加工制作。具体操作方法是，先用手摇钻或电钻在有机玻璃板将要挖掉的部分钻上一个小孔，将锯条穿进孔内，上好锯条便可以按线进行切割。待所有开窗等部位切割完毕后，还要用锉刀进行统一修整。

修整后，便可以进行各面的最后切割，即把多余部分切掉，使之成为图纸所表现的墙面形状。此道工序除了用曲线锯来切割外，还可以用勾刀来切割。

### 4. 打磨、粘接、组合

待切割程序全部完成后要用酒精将各部件上的残留线清洗干净，若表面清洗后还有痕迹，可用砂纸打磨。打磨后，便可以进行粘接、组合。

在具体操作时首先选择一块比建筑物基底大、表面平整而光滑的材料作为粘接的工作台面，一般选用5 mm厚的玻璃板为宜，以保证基底的平整性。

粘接有机玻璃板和ABS板时一般选用三氯甲烷和502胶作黏接剂。在初次粘接时，应先采用点粘进行定位。在被粘接面与其他构件间的关系准确无误后，再用胶液灌入接缝完成粘接（图2-10-6）。在使用上述两种胶粘剂进行各种形式的粘接时，都应该本着“少量多次”的原则进行。当模型粘接成型充分干燥后，要对整体进行一次打磨。

### 5. 上色

一般有机玻璃板本身有着各种颜色，ABS板可用自喷漆上色，也可以用丙烯颜料喷涂，具有亚光效果。

图2-10-6

# 3

环艺模型设计与制作

# 第三部分 作品赏析

## 一、 学生习作点评

模型课程课时不多，但要解决的问题不少，有设计方面的，有制作方面的，也有材料选择方面的。学生自己动手完成作业，往往花费许多心思与时间，但对最后效果的掌控不一定有十分的把握。或作业效果不错，但为何得来，则不知其所以然。教师应该适当加以点拨，会使学生有深入一层的领悟，这十分必要。

### 1. 建筑模型习作

根据建筑图纸制作，清晰地反映了在这种比例尺度下令人信服的别墅建筑的特征及样式，较好地表现了细部结构，楼梯、窗户、烟囱等细节，丰富了模型的整体结构，一定程度上掩盖了制作不够精细的缺点。

一个概念性的建筑模型设计，用了以圆形中心向外放射的造型，形式美感较强。作品层次与节奏富于变化，反映制作者对形的掌控能力较强。不足处是制作还不够精练，外层楔形的体块墙面应该共用一面，现在的两层板就显得多余。此外模型的底座还需适当处理，这样会加深模型的整体完整性。

一个简洁可爱的建筑模型。细节与建筑比例十分协调，点缀小景的靠椅与秋千，也做得灵巧可爱。选择了两株枯树枝充作庭院大树，形状与比例也十分相宜，模型底座的颜色出人意料，却也对比鲜明。

这是学习国外建筑而制作的模型。严格按照图纸的规定，仔细研究空间的结构关系，在制作上认真细致，模型的每个细节处理恰到好处，是一件比较耐看的习作。

作品以“滋生”为主题，设计了一组位于海岸峭壁边的建筑形态，寓意生物的滋生与繁衍的生命活力，以寄托建筑应该具有一定意义的生态与活力的构想。在大面积的山体环境衬托下，白色的扇形空间镶嵌于其中，节奏感、韵律感丰富，使得建筑物呈现出鲜活的气息，耐人寻味。

这也是学习国外建筑而制作的模型习作。制作的特点是选材与环境结合得很好。建筑地处类似山体的坡度上，几何形体富有韵律感地穿插以及石材墙面的衔接，很好地协调了周围环境，使得整体丰富、具有活力。

建筑模型结构小巧而有变化。这个模型十分依赖基面的支持，作者巧妙地运用了等高线基面。利用包装盒纸板做成的坡度，虽粗糙但却很有设计感，建筑表面喷涂的浅绿色，使整座模型的感觉十分协调。

作品单纯地以白色为唯一色调，用大面积的片状雪弗板以几何形体拼接，强调建筑的体量空间，稳重、端庄的气息呼之欲出。

此习作以透明材料为建筑的外墙，造型简洁大方。制作时分层堆叠，合起来是一座完整建筑，分开则可以了解建筑内部的分隔与变化。

此习作营造出来的是一种淡淡的田园气息。作者运用了大面积的灰白布纹纸作为屋顶和墙面，加上木棍作为墙面装饰的穿插，使得建筑表面形式的节奏有所变化，很好地表达出一种古朴、宁静的状态。

该作品运用了瓦楞纸这一质感突出的模型材料，选取了制作难度较大的圆弧形建筑，利用柱子和墙体的配搭，一实一虚，加上材料本身颜色的组合，温和的质感彰显其中，制作十分细致耐看。

此习作从建筑外观看整体外形像一艘船。建筑结构用了简单几何体的重复，弧形立面较多采用栅格，使外观显得整齐而空灵。包括栏杆在内的栅格粗细尺度变化有致，制作有条不紊，用来论证建筑的结构与外观的完美。

此件习作在设计上有较大的创意，建筑采用大的弧度表现，牵引的线状构成，颇具现代感。用透明玻璃来显露内部空间，并且产生了层与层之间的视觉交叉，显得空灵而和谐。

这个模型既是建筑又有构成的意味，现代感较强。

本作业是属于临摹国外建筑的题目。同学通过用模型再现一座建筑的方式，学习现代建筑的形态、空间构成、比例尺度等内容，会收到很好的效果。这件作业基本成功地再现了原建筑的神韵，完成了既定的学习任务，包括选用色卡纸的材料都比较贴切。但唯一不足的是，制作时对于墙体转角处卡纸的纸口对接处，如果切成45°角，则可避免现在的裸露一条白色纸口的尴尬。

这是根据一座现代教堂建筑测绘而制作的模型，欧式建筑风格，充分体现出了建筑的雄伟高大。模型重新排列了各单体建筑和场地的关系，使之更具整体感。

这是一组根据测绘作业的数据制作的模型。以黑色瓦楞纸作为屋顶，墙面用了大面积的白色，窗户运用了褐色，很好地体现了江南建筑的风格。整个建筑由中间向两边延伸，因为比例的关系，节奏感、韵律感的把握恰到好处。

此两件模型在制作上的细部处理都比较有特色，使建筑显得简洁大方。

老房子的现代商业空间改造作业。在不改变原貌的基础上，外立面采用格栅式的包装，既协调又变化。运用白、红色调，很好地体现了模型的空间感、体量感。同时，模型的做工亦比较细致，细节的处理也比较到位。

车站的候车大厅设计。一个精致的模型，建筑的体量和尺度关系已经得到调整，整个建筑外观在造型上打破传统的造型结构，这个模型能够准确地反映基本的设计构思。(图1)在这一阶段，建筑的内部关系以及墙体、屋顶的形式也得以改进。(图2)

图1

图2

这个模型在外立面上使用多种颜色，既变化多端又协调统一，糅合了主体建筑传统与现代合一的风格。主体鲜明突出，建筑外观简洁大方。

模型使用深色的门柱框架，用银色铝板做玻璃感觉的衬托，虽然制作不够精细，但浅黄色的斜坡屋顶却是精心制作的。整体色调感觉比较协调统一。

此模型用卡纸制作，因此细部多了难免显得不够挺括。但也正是这些细节：不同的窗格、栏杆、阶梯等，产生一种耐人寻味的感觉。整个建筑简洁大方，韵律感十足。

这是临摹大师文丘里的母亲别墅，这个模型表现得冷静而客观，在造型、比例、选材、色彩等方面，较好地体现了原作的风采。

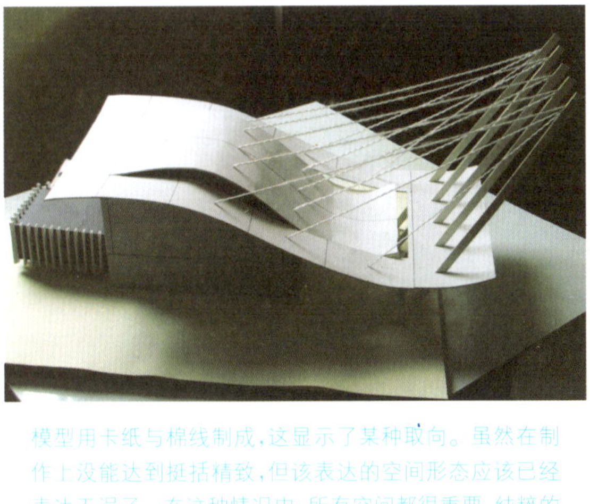

模型用卡纸与棉线制成，这显示了某种取向。虽然在制作上没能达到挺括精致，但该表达的空间形态应该已经表达无误了。在这种情况中，所有空间都很重要，纯粹的体块组合提供了一种对空间的理解。

一个抽象的概念模型，基本做到聚散有致，建筑的外形比例尺度也比较有趣味。用银色漆喷涂，加上银色金属条，最终展示了一个颇具现代感的习作。

虽然整座模型显得琐碎杂乱，但能够完成复杂的别墅主体的外表、结构和分层的理解和制作，也属不易。

临摹萨伏伊别墅模型。根据图纸资料，仔细制作，通过这样的练习，认真研究大师经典之作的精髓。

教堂模型，从建筑外观体现出了建筑的庄重、威严的气势，作者在制作过程中也比较严谨，建筑的每个细节比较丰富。

一座欧式别墅模型。大小变化、起伏穿插的屋顶十分丰富，结构亦比较难把握，但基本表达得不错。

## 2. 景观模型习作

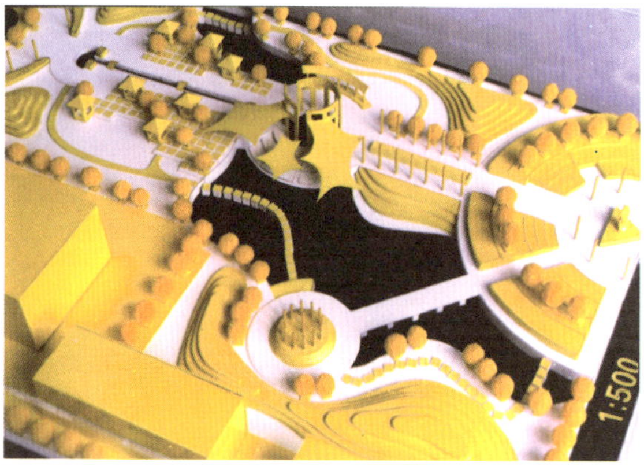


此模型的主色调黄色给人一种眼前一亮的冲击感，夺人眼球。写意的弧线与稳固的直线造型巧妙结合，使极富现代感的景观同时充盈着园林意境。

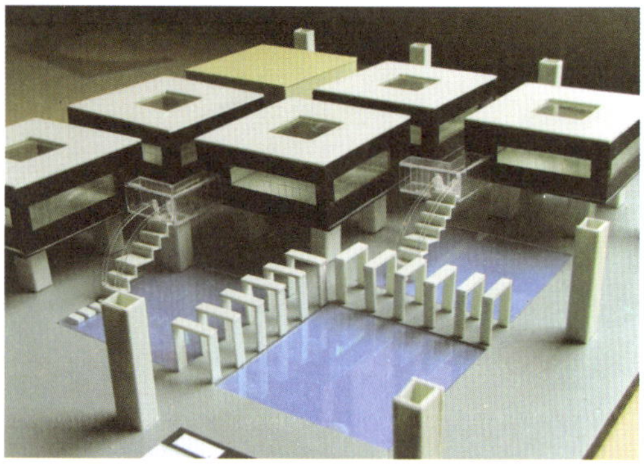

组团建筑充分运用几何元素进行协调创新，运用水景元素给予空间以灵动的感觉，在严格的秩序感中体验变化。

该景观布局设计将景观划分为几个区域，以不同的形状进行组合，在增加了空间的趣味性的同时又将景观的区域性进行了合理的划分，运用通道的曲直、蜿蜒感，使人们在游嬉的同时也能感受到景观所带给人们的独特气息。

简单的意象赋予人古代山水画的空灵美感,网状构成一个现代建筑的概念空间,灯饰则添了一丝神秘之光。

景观一角。整体构成丰富饱满,高矮不一的植物点缀使硬质感的周边环境带有一丝情趣。小小的一角景观,包含了众多的设计元素。

## 3. 室内模型习作

### （1）居室空间

此习作空间造型简洁明了，黑白颜色的对比使人感觉严谨而又不压抑。跃层的样式丰富了不大的空间，一座楼梯联系了两个高低起伏的房间，一幅创意的壁挂给空间增加了活跃的气氛。

此习作整体风格温馨优雅，是一个可爱的儿童的理想空间。美丽可爱的墙绘使空间具有趣味性。粉色使人觉得有浪漫气息，家具的软包也十分细致可爱，是一座充满童趣的居室设计模型。

居室的套型别致紧凑，制作虽然不算细致，但室内却布置得错落有致，墙体的取舍也十分自然，有疏有密的间隙具有透气感。运用红黄对比色，视觉冲击感强，非常醒目；隔窗玻璃也使空间非常整体。

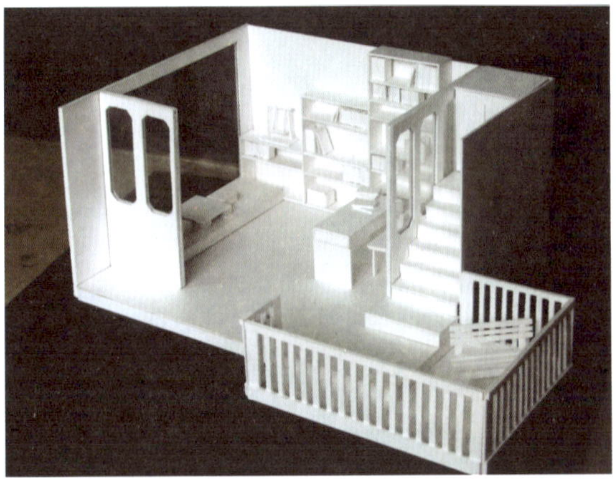

模型尺寸虽小，但空间仍显得活泼有致，家具、楼梯、栏杆等细节布置合理、变化丰富。简洁的白色非常干净纯洁。

这是满足女生梦想的小制作。该习作就像儿时童话里面的公主的房间，温馨可爱。碎花的壁纸也使整个空间仿佛一个温馨的小窝。家具的细节也做得尽心尽力。

这组习作整体规整单纯，色彩沉稳大方，软装家具也做得比较认真，效果不错。

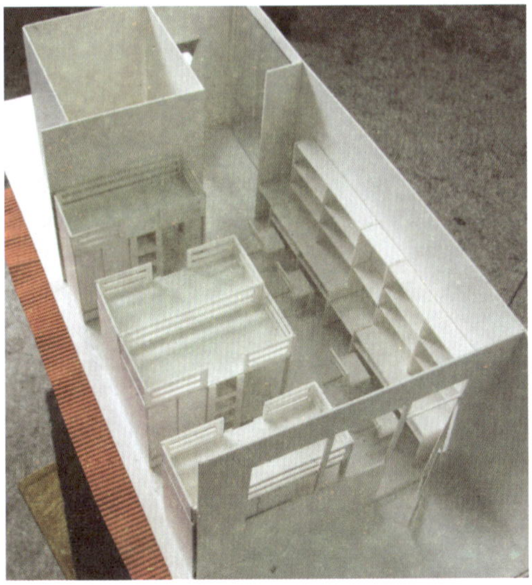

模型的主题是宿舍的改造设计。该习作空间布置合理，舒适而不压抑，造型也非常实用。白色空间没有杂质，一尘不染，显得单纯而设计感十足。

（2）商业空间

以下是一组设计课程与模型制作课程结合的作业。设计课中教师给学生一个长方形空间的平面图，要求设计一个小型餐饮空间，该平面图有一个不利设计的因素，或者说图纸现实受限的条件，中部两侧墙面各有一门，呈对开形态，十分不利餐饮空间的平面布局。但是最后学生的设计都相当不错，不论构思、立意、平面布置以及室内的装饰设计，包括整体制作，都有许多优点。

此习作的平面布置采用流线型设计，给人流畅、舒适的活动空间。色彩归纳为黄、灰两个主色调，明快而简洁。

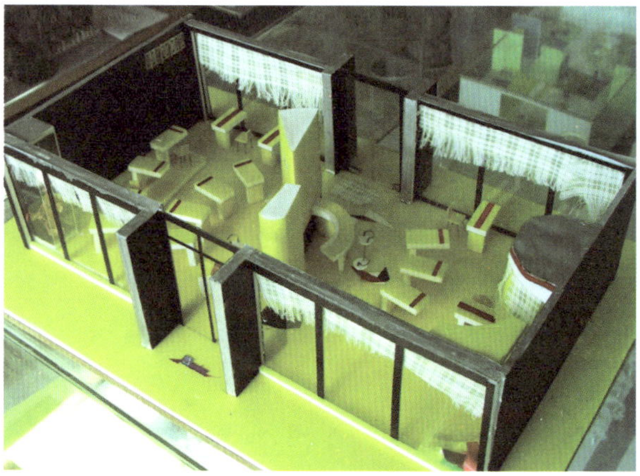

此作业显得比较呆板，同时最大的毛病在于尺度比例不合适，桌椅的厚度明显过大，使模型更加显得粗糙。

此方案设计独特，造型上几何形体的运用整体而协调，材质选用也比较恰当，窗帘、屏风的造型与纹饰都比较精细，颜色与物体结合得十分紧密。特别是绿色调的运用给整个空间展现了清新的氛围。

此方案的设计与制作都比较仔细，色彩沉着稳重又不乏变化，特别是桌椅的制作、选材与比例都较好，使模型的效果十分真实生动。

此方案的设计平面布置富于变化，使矩形空间毫无呆板之感，细节表现上更是认真细致，使这一模型习作十分耐看。

这几个模型所设计的商业餐饮空间都各具特色。有用鸡蛋壳来装饰地面的，有工整严谨的，也有空间表现活泼多变的，通过模型的设计制作，很好地体现了学生的设计理念和能力。

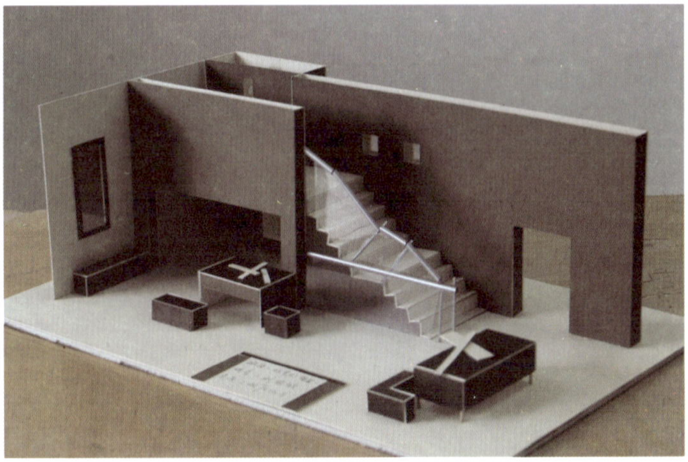

小型专卖店一角。

该作业的命题是商业空间一角，作者选取了一个茶楼的楼梯转角空间，非常好地表现出了商业内容与饱满的空间感觉。大约50×50 cm底座的范围内，呈现了一个半角的空间转折关系。但同时这个作业也有一个致命的缺点，就是它的选材与制作的不当，楼梯的阶梯用色纸来包裹，由于它的转折很多，难以糊得服帖，致使每个边角都十分难看。楼梯下的服务台也是用银色纸包了一下，皱皱巴巴，很是难看。其实只需用银色自喷漆喷涂一下，就会十分挺括，当然避免了这些缺点，效果就会很完美了。

小型专卖店设计，该模型空间比较活泼，银灰色调也显得比较雅致。楼梯的设计经过推敲，细节上比较丰富，在工整中见变化。

办公空间与展示空间。模型设计很好地体现了空间关系，在模型制作中结构较为严谨。通过对细节的处理给观众展现清晰的布局结构，给人稳重中求变化的感觉。

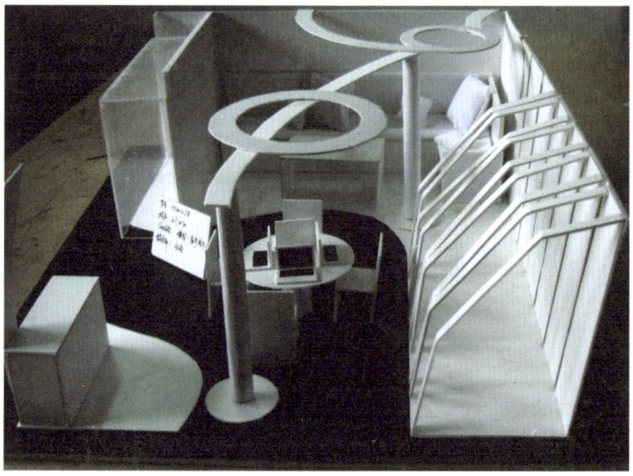

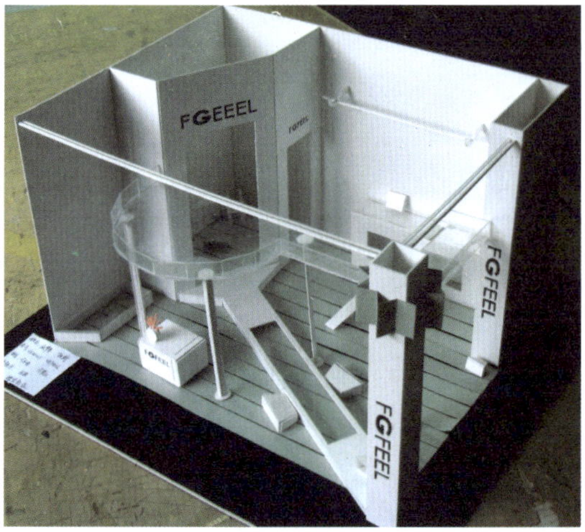

## 二、中外经典模型作品赏析*

此处选登了50多幅国内外经典模型图片，其中包含了古典与现代建筑、景观、室内、城市规划等诸多内容，形态丰富多样，制作手法变化多端，设计表现与材料运用新颖独特，从中我们可以得到很多的启发和借鉴，也可以开拓我们的视域与眼界，从而将我们自己的设计与艺术水平推向新的高度。

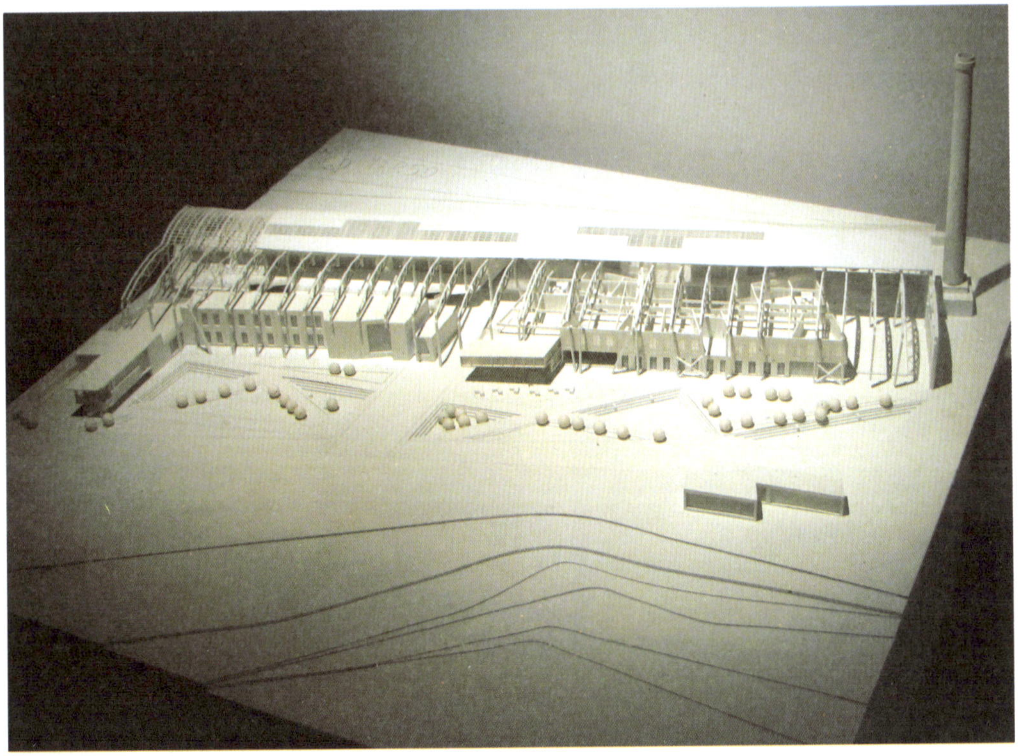

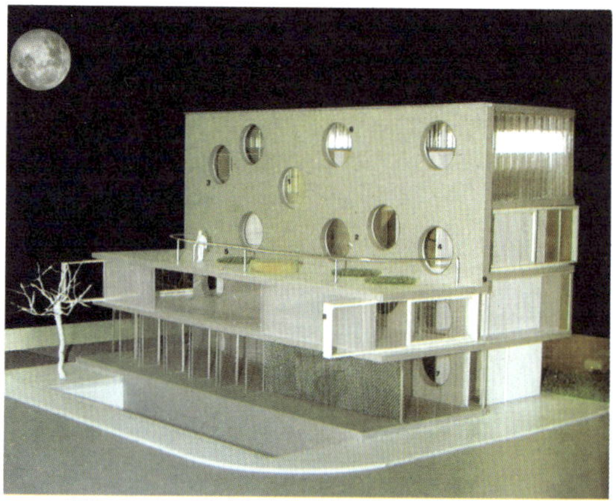

1

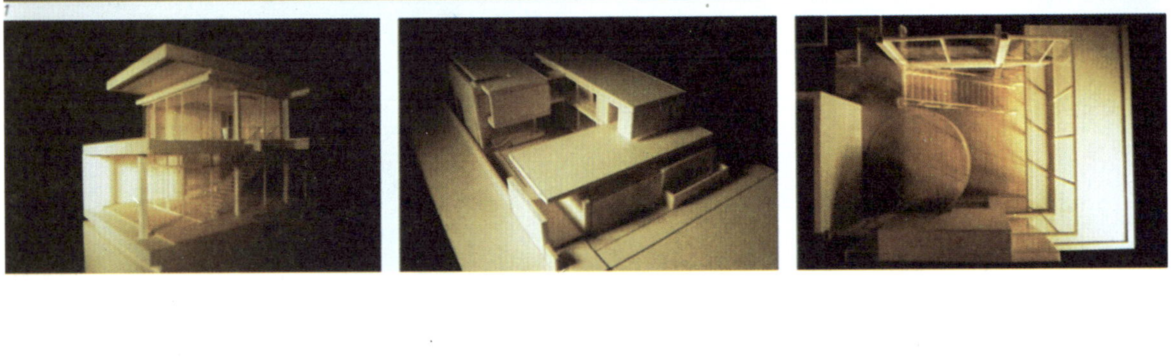

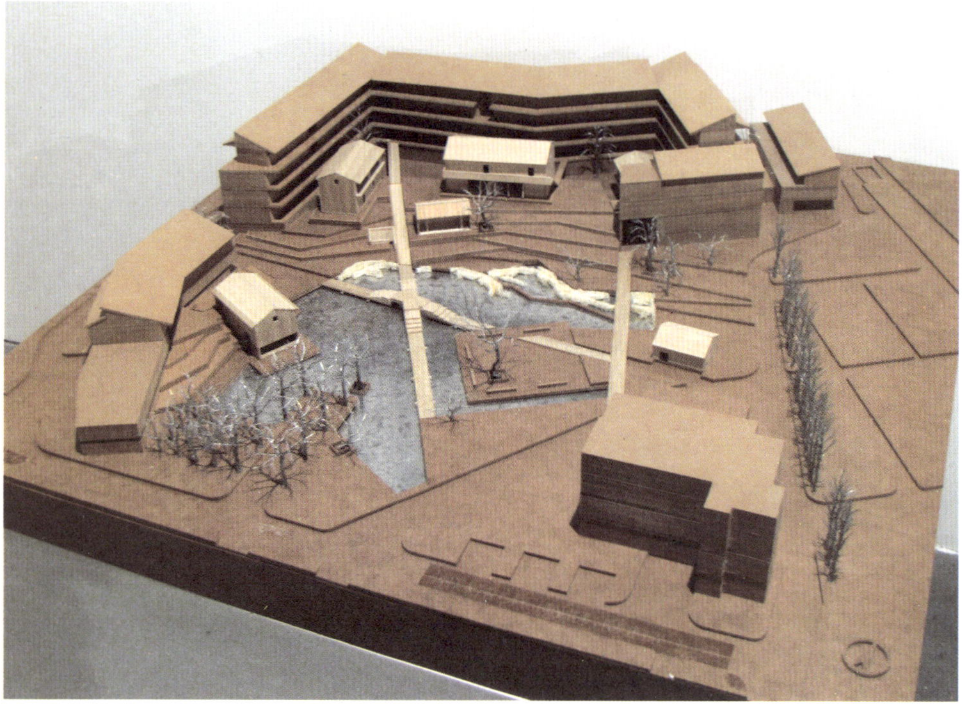

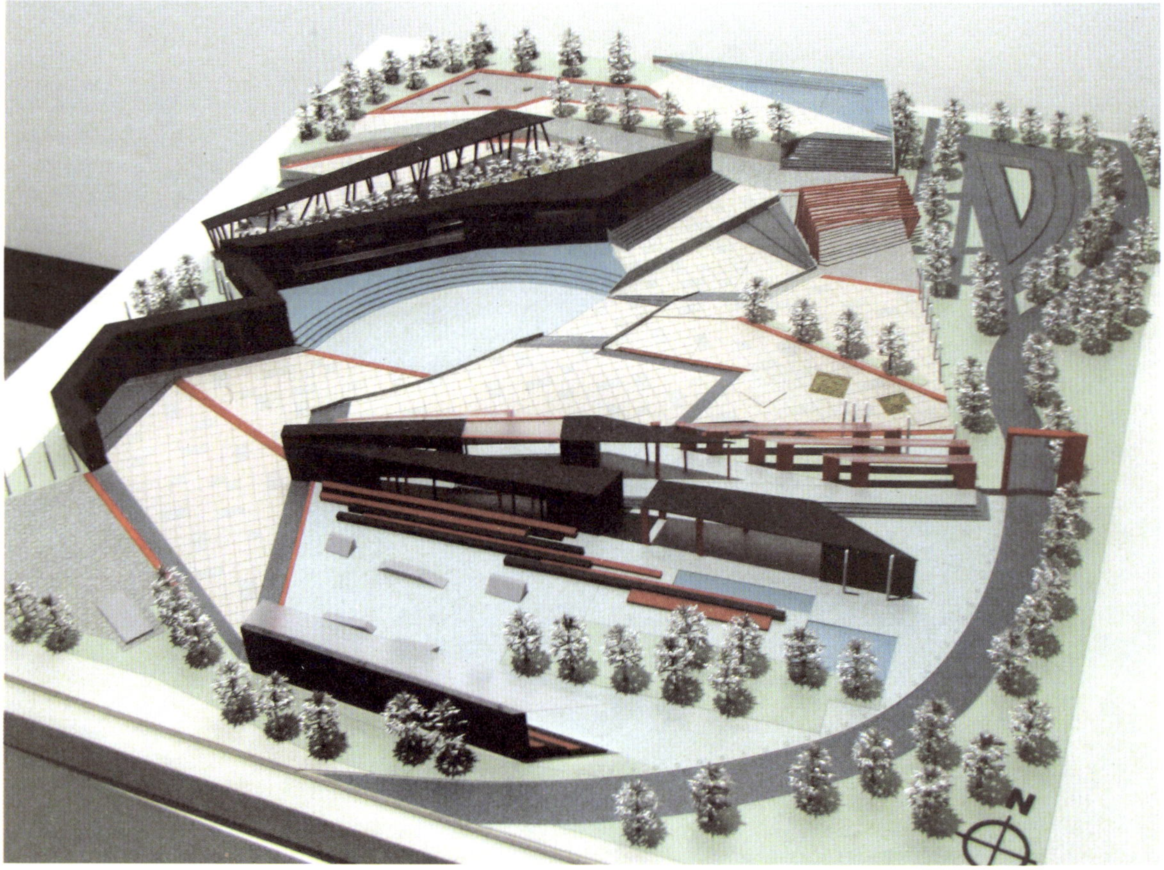
N

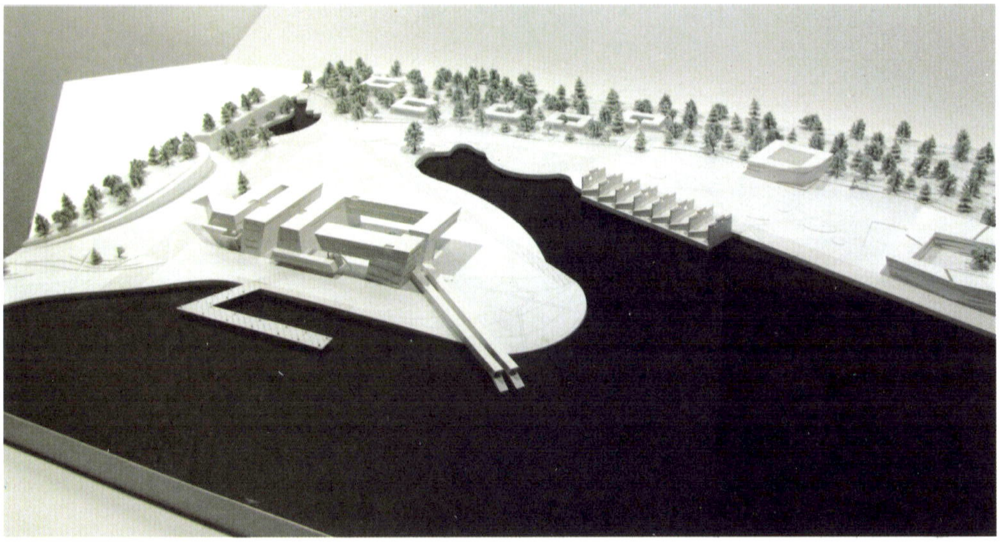

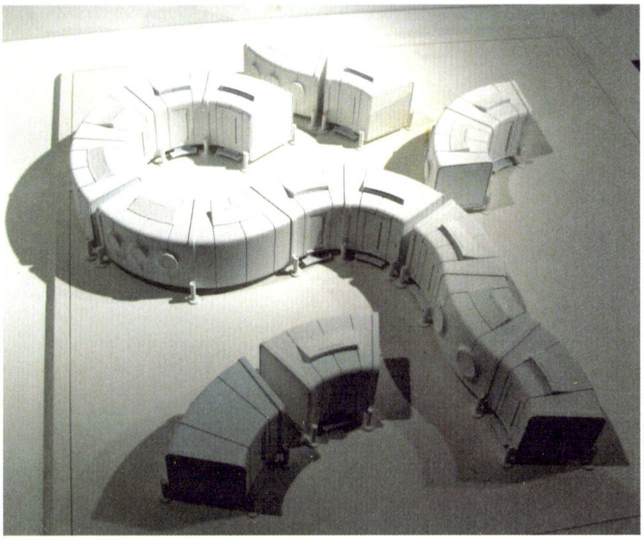

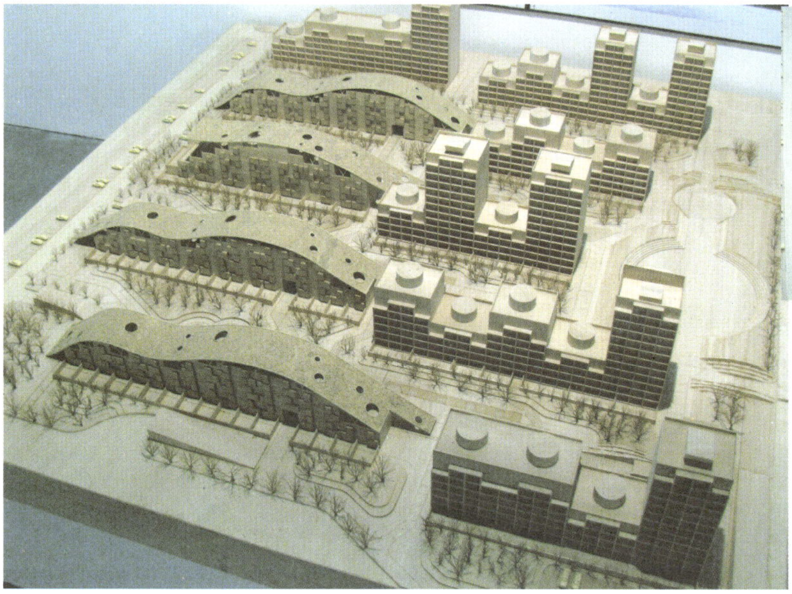

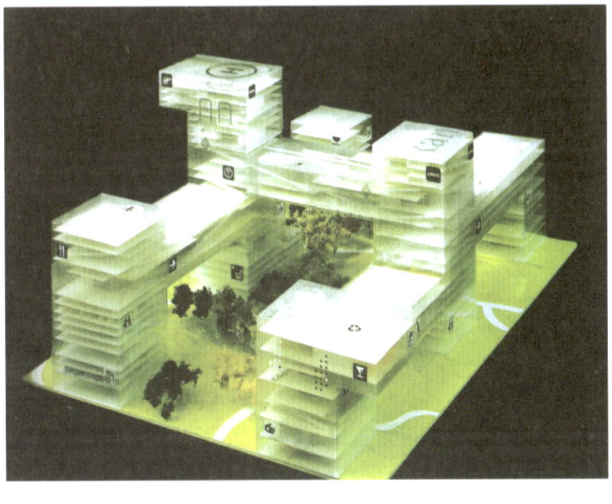

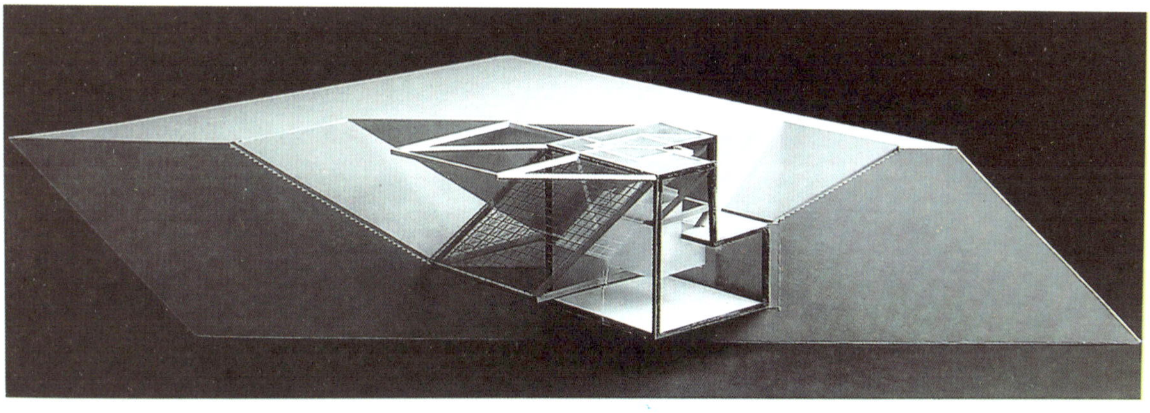

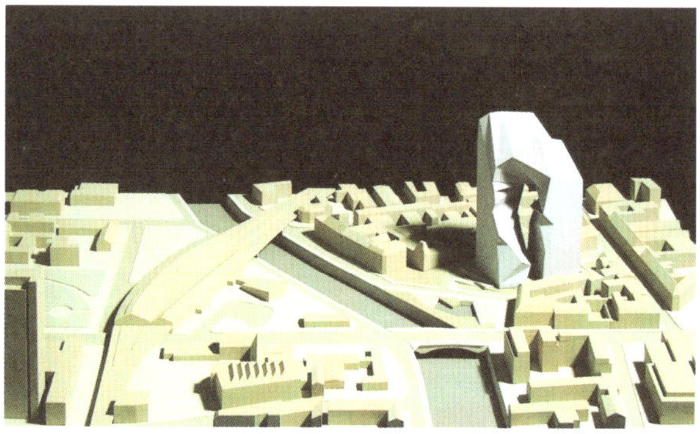

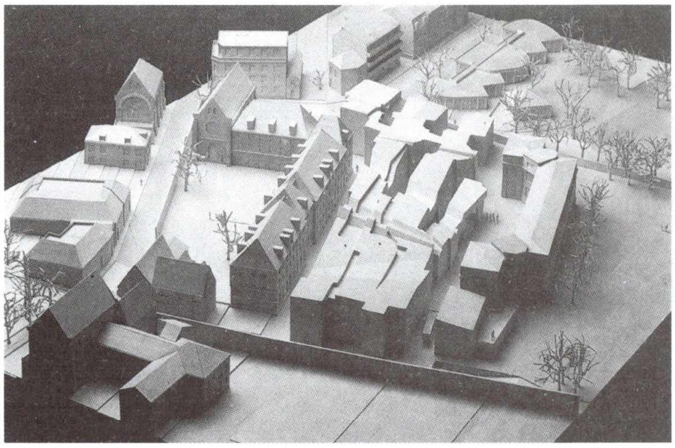

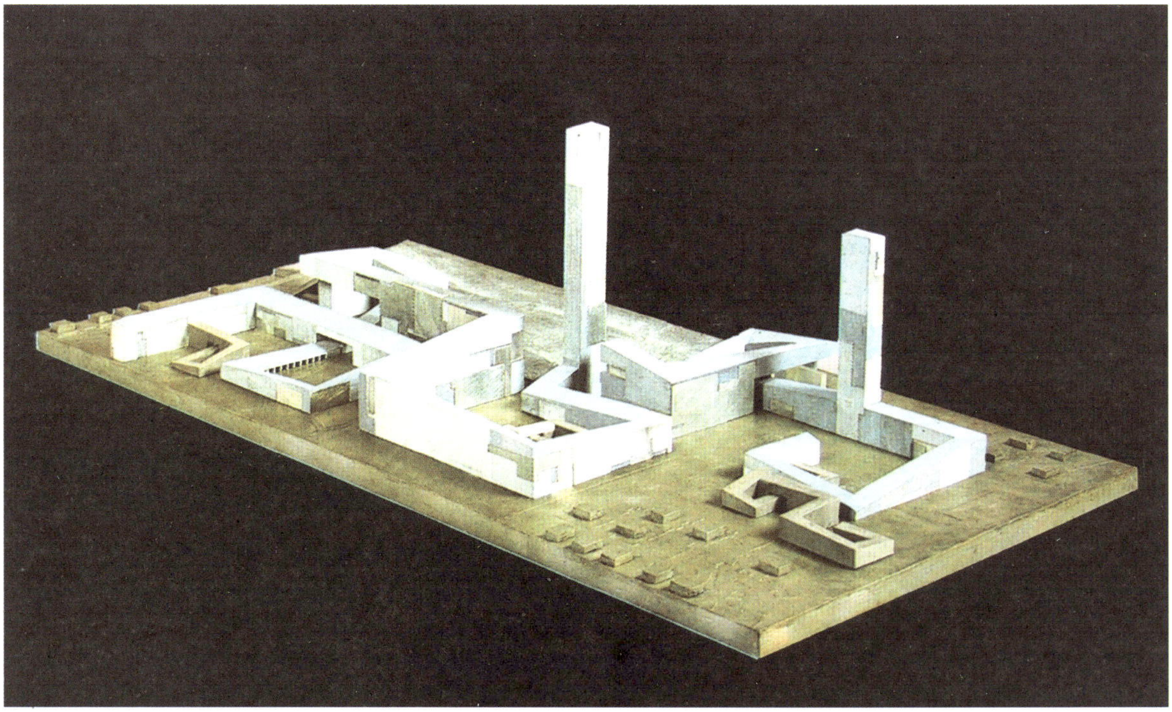

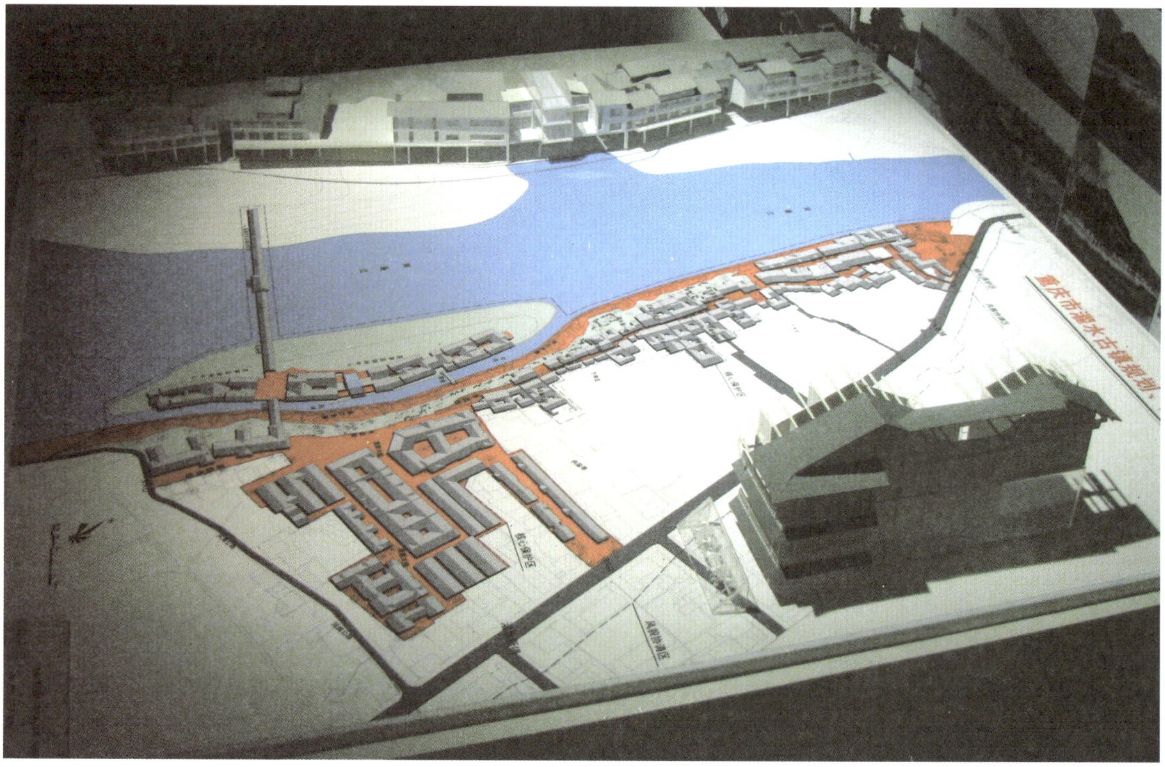
重庆市濯水古镇规划、

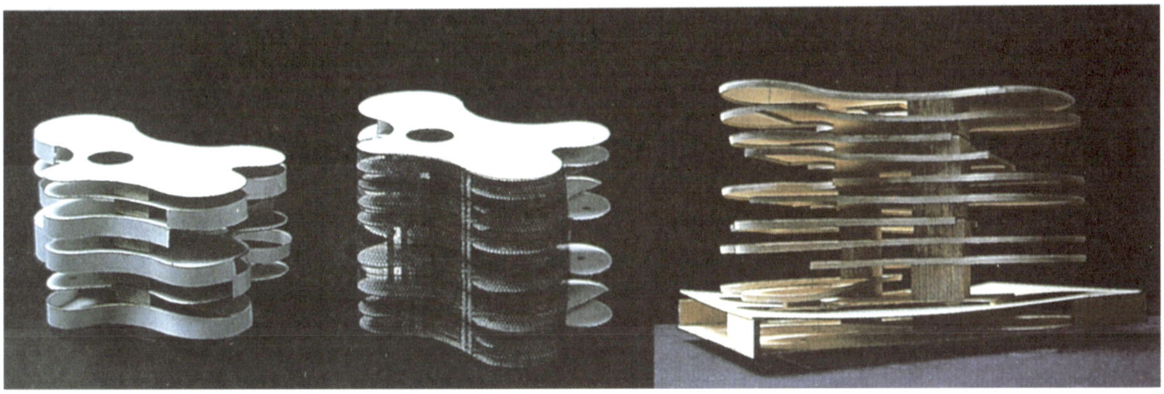

# *部分国外模型作品图片来源


OMA,*El Croquis 134–135*,2007.

Frank O·Gehry, *Electa Architecture*, Francesco Dal Co,2003.

Brooke Hodge, *Skin+Bones: Parallel Practices in Fashion and Architecture*, Thames & Hudson,2006.

Terry Farrell & Partners,*Ten Years, Ten Cities: The Work of Terry Farrell & Partners 1991–2001*, Laurence King,2002.

Philip Jadido,*Architecture now*,Taschen,2004.

Herzog & DeMeuron,*El Croquis 109/110*,2004.

Günter Behnisch,*Behnisch,Behnisch&Partner*, Birkhauser,2003.

Richard Meier,*Richard Meier Architect*, Monacelli,2000.

*The master architect series III:Harry Seidler*, Images Publishing,1997.

*T.R.Hamzah & Yeang:ecology of the sky*, Ivor Richards, Images Publishing,2001.

*Pacific Edge:Contemporary Architecture on the Pacific Rim*, Peter Zellner, Rizzoli International Publications,1998.

Stephen Dobney,*The Master Architect Series:Cesar Pelli*, Images Publishing,1993.

Stephen Dobney,*The Master Architect Series: Hartman–Cox*, Images Publishing,1994.

*The Master Architect Series: Architects 49*, Images Publishing Group,2003.

# 主要参考文献

[德]沃尔夫冈·科诺，马丁·黑辛格尔. 建筑模型制作:模型思路的激发[M]. 王婧,译.大连理工大学出版社，2007.

韩青旻，周涛，徐庭发. 现代建筑画选（10）——建筑模型[M]. 天津科学技术出版社，1992.

郭红蕾，阳虹，师嘉等. 建筑模型制作——建筑·园林·展示模型制作实例[M]. 中国建筑工业出版社，2007.

郎世奇. 建筑模型设计与制作（第二版）[M]. 中国建筑工业出版社，2006.

[日]仓林进. 室内设计模型制作[M]. 王超鹰，黄予立，译.上海人民美术出版社，2007.

刘俊. 环境艺术模型设计与制作[M]. 湖南大学出版社，2006.

洪惠群，杨安，邬月林. 建筑模型[M]. 中国建筑工业出版社，2007.

莫天伟. 建筑设计基础[M]. 江苏科学技术出版社，2004.